"十四五"普通高等教育本科部委级规划教材

U0742570

图解服装概论

刘运娟　陈东生　**主编**

吕　佳　张默涵　叶清珠　汪　烨　**副主编**

中国纺织出版社有限公司

内 容 提 要

本书采用表格化形式呈现服装专业相关知识点，辅以图片，风格简明清晰，为服装设计与工程、服装与服饰设计专业教学带来全新的基础知识体系。

本书从服装产品设计的要求出发，结合行业标准与国家标准，全面介绍服装用纤维、纱线、面料、辅料等各种材料的结构特征和服用性能，特别是时尚、休闲、功能和高级服装面料的特点，并系统整理了服装的款式与色彩设计、纸样设计、裁剪、缝制、整烫等基础知识，同时阐释了中外服装史的演变轨迹。

本书图文并茂、简明易懂，可供高等院校服装专业师生教学及行业相关人员参考阅读。

图书在版编目（CIP）数据

图解服装概论 / 刘运娟，陈东生主编；吕佳等副主编 . -- 北京：中国纺织出版社有限公司，2024.8
"十四五"普通高等教育本科部委级规划教材
ISBN 978-7-5229-0146-6

Ⅰ.①图… Ⅱ.①刘… ②陈… ③吕… Ⅲ.①服装工业－高等学校－教材 Ⅳ.①TS941

中国版本图书馆 CIP 数据核字（2022）第 235129 号

责任编辑：孙成成 张晓芳 特约编辑：马 涟
责任校对：寇晨晨 责任印制：王艳丽

中国纺织出版社有限公司出版发行
地址：北京市朝阳区百子湾东里 A407 号楼 邮政编码：100124
销售电话：010—67004422 传真：010—87155801
http://www.c-textilep.com
中国纺织出版社天猫旗舰店
官方微博 http://weibo.com/2119887771
北京通天印刷有限责任公司印刷 各地新华书店经销
2024 年 8 月第 1 版第 1 次印刷
开本：889×1194 1/16 印张：11.75
字数：243 千字 定价：89.00 元

前　言

　　自人类诞生以来，从远古时期直至逐渐步入文明社会，服装一直伴随着人类经历了漫长的岁月。它是人类社会文明的标志之一。服装发展史也是人类社会文明史的重要组成部分。我国作为世界上第一人口大国，也是世界上最大的服装消费国，同时也是世界上最大的服装生产国，服装产业在国民经济发展中占有重要地位。

　　作为衣食住行之首，毫无疑问，服装行业是永远的朝阳产业，是为人们提供最基本的穿着需求，又能引导消费者消费趋向的行业。随着时代的发展，社会文化的进步，生活水平的不断提高，我国的服装行业有了飞速的发展，人们的穿着也有了巨大的变化。因此，服装行业越来越受重视，培养服装行业的专业型人才成为当下迫切需求。只有认真学好服装基础知识，灵活运用各种技巧并不断提高自身的艺术素养，与时俱进，才能适应服装行业的发展和社会文化发展进步的需求。

　　本书在继承传统服装专业概论教程的基础上，借鉴新型服装教材的形式，弥补了当前服装概论教程所普遍存在的重理论、缺乏图像信息等问题，适合初学者在学习各种服装专业课之前阅读，可以对服装行业有全面系统的了解，让学生在对本行业形成完整概念的同时，产生浓厚的专业学习兴趣和投身服装行业的热情。本书涵盖服装各方面的专业知识点，采用图文并茂的形式，使内容免于冗长又富含知识点，授予读者完整的专业知识体系。本书共分为四章，分别为服装面料、服装制板工艺、服装产品设计、中外服装史等基础知识，通俗易懂，为读者掌握服装基础知识提供一定的指导和帮助；内容注重连贯性、趣味性、现实性，让读者在阅读中增加学习的兴趣和主动性。

　　本书由刘运娟、陈东生统稿。第 1 章由刘运娟、陈东生主笔，第 2 章由叶清珠主笔，第 3 章由张默涵主笔，第 4 章由汪烨主笔。配套数字教学资源由刘运娟、吕佳、陈东生设计制作。

编者

2023 年 9 月

目　录

第4章　中外服装史

第 1 章　服装面料

1.1 服装面料概述 > 1.1.1 纤维

纤维分类

天然纤维		
植物纤维（天然纤维素纤维）		
种子毛纤维	棉花	
	木棉	
韧皮纤维	苎麻	
	亚麻	
	大麻	
	黄麻	
杂纤维	椰子纤维	
	竹纤维	
动物纤维（天然蛋白质纤维）		
动物毛纤维	骆驼绒	
	绵羊毛	
	山羊毛	
	山羊绒	
	兔毛	
	牦牛毛	
	马海毛	
	骆马毛	
丝纤维	桑蚕丝	
	柞蚕丝	
	木薯蚕丝	
	蓖麻蚕丝	
	蜘蛛丝	
其他动物纤维	飞鸟羽绒	
矿物纤维		
矿物纤维	石棉	

化学纤维		
再生纤维（人造纤维）		
再生纤维素纤维	黏胶纤维	
	铜氨纤维	
	竹浆纤维	
	醋酯纤维	
	富强纤维	
	莱赛尔纤维	
	莫代尔纤维	
再生蛋白质纤维	大豆纤维	
	花生纤维	
	牛奶纤维	
	再生丝纤维	
无机纤维		
玻璃纤维		
金属纤维		
陶瓷纤维		
碳纤维		
合成纤维		
聚酰胺纤维	锦纶	
聚酯纤维	涤纶	
聚丙烯腈纤维	腈纶	
聚乙烯醇纤维	维纶	
聚氯乙烯纤维	氯纶	
聚丙烯纤维	丙纶	
聚乙烯纤维	乙纶	
聚氨酯纤维	氨纶	
其他纤维	芳纶	

植物纤维——棉

棉花介绍

夏天的棉铃　　　　　　　开裂的棉铃

棉花，是锦葵科棉属植物的种子纤维，原产于亚热带。植株灌木状，在热带地区栽培可长到6m高，一般为1~2m。花朵呈乳白色，开花后不久转成深红色，然后凋谢，留下绿色小型的蒴果，称为棉铃。棉铃内有棉籽，棉籽上的茸毛从棉籽表皮长出，塞满棉铃内部，棉铃成熟时裂开，露出柔软的纤维。

棉纤维的分类

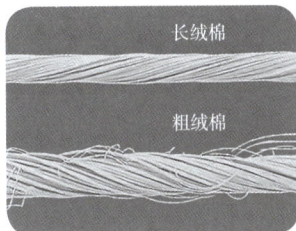

长绒棉　　粗绒棉

长绒棉与粗绒棉对比　　　各类棉纤维的截面图

长绒棉

细绒棉

粗绒棉

棉纤维来自棉花的果实，是服装用主要纤维原料。棉花的品种有很大的差异，通常分为长绒棉、细绒棉和粗绒棉。长绒棉，又叫海岛棉，纤维细、强力好，纤维长度可达60~70mm，是优良的棉纤维品种，如新疆长绒棉；细绒棉，纤维长度在25~31mm，是目前主要的棉花品种，其产量占全球的比例最大；粗绒棉，纤维短粗，手感硬。

棉纤维的形态

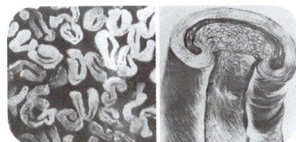

横截面形态　　　　　纵向形态

在显微镜下，正常成熟的棉纤维纵向呈扁平带状，有天然转曲；横截面呈腰圆形，有中腔。

棉纤维

棉纤维

棉纤维的色泽通常为白色、乳白色或淡黄色，光泽较暗淡；密度为1.54g/cm³，在常用纤维中属于重的；透气性好、吸湿性好；比较耐碱而不耐酸；染色性能良好；耐热性好；强力较高，断裂伸长率很低，仅为3%~7%，弹性模量较高，但弹性差，使得棉织物抗皱性差；耐光性一般；易受霉菌等微生物的损害，但不易虫蛀。

植物纤维——麻

麻纤维来源和分类

苎麻

开花亚麻和收割后的亚麻秆

麻纤维是人类使用最早的天然植物纤维。麻纤维是指从各种麻类植物中取得的纤维的总称。服装用麻主要是亚麻和苎麻。

麻纤维的形态

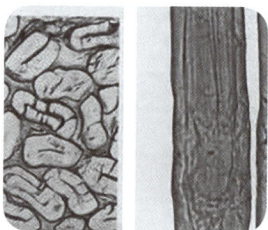

苎麻纤维的横、纵向形态

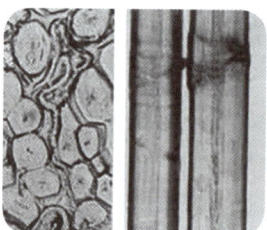

亚麻纤维的横、纵向形态

苎麻纤维纵向有横节竖纹，粗细不匀，横截面不规则，呈椭圆形或扁圆形，有中腔及裂缝。亚麻纤维纵向表面有横节、竖纹，横截面呈多角形，以五角形或六角形为主，中腔较小。

苎麻纤维的性能

苎麻原麻纤维

脱胶后的苎麻纤维

苎麻色白而且光泽较好，苎麻纤维强度较高，刚性大，断裂伸长率比棉纤维还小，仅为 1.2%~2.3%，弹性差。苎麻纤维吸湿性好，公定回潮率高达12%，而且放湿快，织物吸汗快干。苎麻纤维耐碱、不耐酸，抗霉性能较棉纤维好，不易虫蛀。

苎麻纤维在原麻中被胶质粘连在一起，须实行全脱胶提高可纺性。

亚麻纤维的性能

亚麻纤维

亚麻工艺纤维

亚麻纤维的性能和苎麻纤维的性能接近。优良的亚麻纤维为淡黄色，光泽较好，因有较高的结晶度而使染色性能较差。亚麻纤维手感比棉纤维粗硬，但比苎麻纤维柔软。

其他植物纤维

剑麻

剑麻植株

剑麻纤维

剑麻是一种多年生热带硬质叶纤维作物，色泽洁白、质地坚韧、强度高、弹性差、吸湿性能好、耐海水、耐酸碱、耐摩擦、耐低温。剑麻被广泛运用在运输、渔业、石油、冶金等各种行业，具有重要的经济价值，是当今世界用量最大、应用范围最广的硬质纤维。

木棉

开裂的木棉果实

木棉纤维

木棉纤维是目前天然纤维中最轻、中空度最高的纤维材质，具有防霉、轻柔、不透水、不导热，以及保暖性、吸湿性强等特点；吸湿性好于棉纤维；耐酸碱性好，染色性能不如棉好；颜色有白、黄和黄棕三种。

木棉纤维可纺性差，一般难以纯纺。采用与棉、黏胶或其他纤维素纤维混纺，可织造光泽和手感良好的服装面料，同时其轻柔保暖的特性特别适用于各类家纺产品的填充料。

竹纤维

竹纤维

竹纤维洗碗巾

竹纤维是从自然生长的竹子中提取出的纤维素纤维，分为天然竹纤维和化学竹纤维。天然竹纤维主要是竹原纤维，是采用物理、化学相结合的方法制取的竹纤维。竹原纤维具有良好的透气性、瞬间吸水性、较强的耐磨性和良好的染色性等特性，具有天然抗菌、抑菌、除螨、防臭和抗紫外线等功能。化学竹纤维又可分为竹浆纤维、竹炭纤维。

竹纤维优越的抗菌性能使其广泛应用于毛巾、袜子、洗碗巾等产品中。

汉麻（工业用大麻）

汉麻叶与纤维

汉麻织物

汉麻又被称为大麻、线麻。汉麻是人类最早用于织物的天然纤维，有"国纺源头，万年衣祖"美誉，其种植历史可追溯至约8000年前。

汉麻具有优异的吸湿排汗性能、天然的抗菌保健性能、良好的柔软舒适性能、卓越的抗紫外线性能、出色的耐高温性能和独特的吸附性能。汉麻全身都是宝，汉麻籽可提炼生物柴油，汉麻根可生产各种生物燃料，汉麻叶可提取医药。汉麻用在军用服装上，性能卓越。

动物纤维——羊毛

羊毛纤维

绵羊

绵羊毛

羊毛纤维是一种天然的蛋白质纤维，狭义上，羊毛是绵羊毛的简称。

羊毛纤维按纤维有无髓质层分类：无髓毛，细羊毛属于无髓毛；有髓毛，粗羊毛属于有髓毛；半细羊毛，或称两型毛，其内部有间断的髓质层；死毛，主要由髓质层组成的毛，该类纤维粗、硬、脆，难染色，不用作纺织原料。

羊毛纤维按纤维的细度、长度分为：细羊毛、半细羊毛、粗羊毛。

羊毛纤维的结构

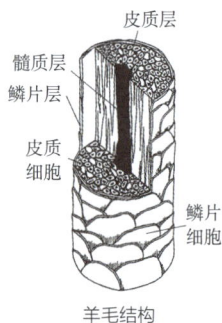

羊毛结构

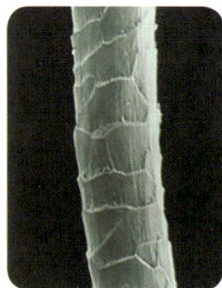

羊毛纵向形态

羊毛由许多细胞聚集构成，从径向看，可分为三个组成部分：鳞片层、皮质层、髓质层。

鳞片层，包覆在毛干外部的细胞组织结构，呈鱼鳞状覆盖整条纤维，是毛纤维最重要的保护层。

皮质层，是羊毛纤维的主体组成部分。羊毛的纺织、染色等特性与皮质层的结构具有密切关系。

髓质层，由毛干中心不透明的毛髓组成，充满空气，通常在显微镜下观察呈黑色。髓质层只存在于较粗的纤维中（粗毛和半细毛），细毛无髓质层。

在显微镜下，羊毛纤维纵向表面有鳞片，有天然卷曲；横截面近似圆形，有的有毛髓。

羊毛纤维性能的优缺点

利用羊毛毡化原理制成的手工艺品

羊毛的物理性能包含羊毛的细度、长度、弯曲度、强伸度、吸湿率、黏合性等；化学性能包含抗酸碱性能、耐光照性能、抗氧化性能等。

羊毛纤维性能优点表现在：羊毛是一种吸湿性较好的天然纤维，研究表明，无论在何种温湿度条件下，其吸湿性均优于常规的合成纤维和棉、蚕丝等天然纤维。在干爽性方面，当人体出汗时，由于羊毛具有高吸湿性，可维持皮肤周围空气的湿度在一个较低的范围内变化，这也是羊毛织物舒适干爽的原因之一。羊毛纤维具有高吸水性，是一种亲水性纤维，穿着非常舒适。在保暖性方面，因羊毛天然卷曲，可以形成许多不流动的空气区间作为屏障，保暖性好。在耐用性方面，羊毛有非常好的拉伸性及弹性恢复性，并具有特殊的毛鳞结构以及极好的弯曲性，因此它也有很好的外观保持性。

羊毛纤维性能的缺点——毡化反应，它是羊毛纤维表面的毛鳞造成的现象。当羊毛表面的毛鳞遇到机械力、热、水等条件后，因毛鳞边缘相互钩住，而纠缠至无法恢复到原来的长度尺寸，因而产生收缩现象，会使制品尺寸缩小。

利用羊毛纤维毡化原理可制作羊毛毡毯子、羊毛手戳针工艺品等。

动物纤维——蚕丝

蚕丝的分类

桑蚕

柞蚕

桑蚕茧

柞蚕茧

　　蚕丝，又称真丝，是熟蚕结茧时所分泌丝液凝固而成的连续长纤维，是一种天然的蛋白质纤维，被称为纤维皇后。

　　蚕丝是古代中国文明产物之一，劳动人民养蚕为极早之事，相传黄帝之妃嫘祖始教民育蚕。约在 4700 年前，中国已利用蚕丝制作丝线、编织丝带和简单的丝织品。

　　蚕丝分为家蚕丝和野蚕丝两种。家蚕丝即桑蚕丝，在我国主要产于浙江、江苏、广东和四川等地；野蚕丝即柞蚕丝，主要产于辽宁和山东等地。

蚕丝的形态

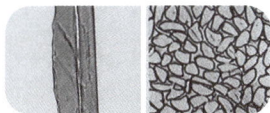

桑蚕丝纵、横向形态

柞蚕丝纵、横向形态

　　桑蚕丝纵向表面如树干状，粗细不匀，横截面呈不规则的三角形或半椭圆形；柞蚕丝纵向表面如树干状，粗细不匀，横截面近似桑蚕丝，但更扁平。

蚕丝的性能

轻薄的素纱禅衣

　　优质的蚕丝触感柔顺、滑腻、富有弹性。蚕丝具有较高的强伸度，纤维细长，柔软，光泽好，吸湿性好，耐酸、不耐碱，易虫蛀、易发霉，耐光性差，须避免日光直晒。桑蚕丝大多为白色，有的也呈淡黄色，其耐光性在天然纤维中是最差的。柞蚕丝具有天然的淡黄色，强度、吸湿性、耐热性、保暖性、耐光性、耐酸碱性比桑蚕丝好。

　　蚕丝是自然界中最轻、最柔软、最细的天然纤维。1972 年湖南长沙马王堆一号汉墓出土的西汉直裾素纱禅衣，通身重量仅 49g，可谓轻若烟雾，薄如蝉翼，显示出中国古代高超的丝织技艺。

　　蚕丝可通过简单燃烧法鉴别。因为它含有蛋白质，燃烧后成为白色粉末，燃烧时发出毛发烧焦的气味，无火光。

1.1 服装面料概述 > 1.1.1 纤维

其他动物纤维

山羊绒

山羊 | 不同颜色的山羊绒

山羊绒是生长在山羊外表皮层，掩在山羊粗毛根部的一层薄薄的细绒。由于山羊绒纤维由鳞片层和皮质层组成，没有髓质层，虽也有不规则的卷曲，但卷曲数较细羊毛少，所以山羊绒的强度、弹性均比羊毛好，具有细、轻、柔软、保暖性好等优良特性，是一种高级的毛纺原料，按其颜色可分为白绒、紫绒、青绒。我国鄂尔多斯盛产高品质山羊绒，形成了优质的品牌效应。

马海毛

安哥拉山羊 | 马海毛

马海毛又称安哥拉山羊毛，指安格拉山羊身上的被毛。纤维表面光滑，光泽性强，弹性好，耐压，纤维强度较高，回弹性也高，不易收缩，也难成毡，容易洗涤，是织造长毛绒织物的优良原料。马海毛对一些化学药剂的反应比一般羊毛敏感，具有较佳的染色性，成品色彩鲜艳。马海毛是市场上高级的动物纺织纤维原料之一。

兔毛

安哥拉兔 | 兔毛

纺织用兔毛多产自家兔和安哥拉兔，兔毛由角蛋白组成，绒毛和粗毛都有髓质层。绒毛的毛髓呈单列断续状或狭块状，粗毛的毛髓较宽，呈多列块状，含有空气毛，具有轻柔和保暖性好的特点，强度低。由于其鳞片少且光滑，故抱合力差，织物容易掉毛。兔毛纯纺较困难，大多与其他纤维混纺。不同品种中，安哥拉长毛兔的品质最好。

牦牛毛

牦牛 | 牦牛毛

牦牛毛主要分为长毛、绒毛和尾毛。长毛用来做牛绳，绒毛用来纺织成线做衣服，尾毛用来做尘拂、戏曲用假胡须、假发等。采集牦牛绒时并非传统的剪毛方式，而是顺其自然瞅准其换毛时机，通过手工精心采毛。牦牛毛强度和伸长度好，外形平直，细而柔软，表面光滑，刚韧而有光泽，弹性好，保暖性好，毡缩性差。

羊驼毛

 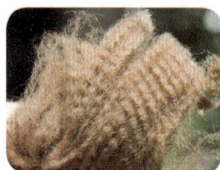

羊驼 | 羊驼毛

羊驼毛属于骆驼毛纤维，是粗细毛混杂着的，平均直径22～30μm，细毛长约50mm，粗毛长达200mm。羊驼毛比马海毛更细，更柔软，其色泽为白色、棕色、淡黄褐色或黑色，强力和保暖性均远高于羊毛。

再生纤维（人造纤维）

再生纤维素纤维的定义

再生纤维素纤维是以天然纤维素（棉、麻、竹、甘蔗渣、芦苇等）为原料，不改变天然纤维的化学结构，仅改变它的物理结构，而制造出来的性能更好的纤维素纤维。其结构组成与棉相似，不同的是它的吸湿性与透气性比棉纤维好，可以说再生纤维素纤维是所有化学纤维中吸湿性与透气性最好的一种，被誉为"会呼吸的面料"，同时它还拥有棉纤维不具备的蚕丝的部分优点。

再生纤维素纤维的发展历史

再生纤维素纤维

20世纪初为解决棉花短缺而面世了普通黏胶纤维，20世纪50年代开始实现工业化生产了高湿模量黏胶纤维，其主要产品包括虎木棉（后命名为Polynosic）和变化型高湿模量纤维HWM以及80年代后期采用新工艺生产的莫代尔（Modal）纤维。20世纪60年代后期开始，由于合成纤维生产技术的迅速发展以及原料来源充足和成本低廉，再生纤维素纤维的发展趋于停滞。直到20世纪90年代推出天丝（Tencel）、纽赛尔长丝（Newcell）。受健康环保意识、崇尚自然等因素的影响，人们对再生纤维素纤维有了新的认识，新一代再生纤维素纤维的性能也有了充分的改进。

再生纤维素纤维的分类

再生纤维素纤维的名称和缩写

纤维名称	英文名	缩写	纤维名称	英文名	缩写
黏胶纤维	Viscose	CV	三醋酯纤维	Triacetate	CTA
莫代尔纤维（高湿模量）	Modal	CMD	绿塞（莱赛尔）纤维	Lyocell	CLY
波里诺西克纤维（高湿模量）	Polynosic	—	天丝	Tencel	Tel
铜氨纤维	Cupro	CUP	竹浆纤维	—	—
醋酯纤维（二醋酯）	Acetate	CA	纽赛尔纤维	Newcell	—

再生纤维——黏胶纤维

再生纤维素纤维——黏胶纤维

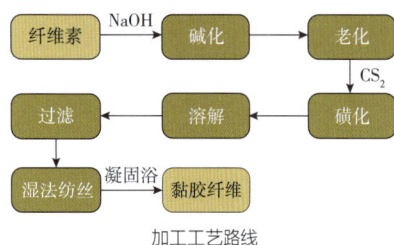

加工工艺路线

黏胶纤维的定义

黏胶纤维是人造纤维的一个主要品种，是从不能直接纺织加工的纤维素原料（棉短绒、木材、芦苇等）中提取的纯净纤维素，经过烧碱、二硫化碳处理后制备成黏稠纺丝溶液——黏胶纺丝液，黏胶纺丝液经湿法纺丝和一系列处理工序加工后成为黏胶纤维。

各类黏胶纤维截面

普通黏胶纤维　　强力黏胶纤维　　富强黏胶纤维

黏胶纤维的成分和结构

黏胶纤维的基本组成是纤维素。采用不同的原料和纺丝工艺，可以分别得到普通黏胶纤维、强力黏胶纤维和富强黏胶纤维等。普通黏胶纤维的截面呈锯齿形，明显不均匀的皮芯结构，皮层较薄，纵向平直有沟横。利用特殊的纺丝工艺，可获得全皮层的强力黏胶纤维，其截面均匀，轮廓圆滑。富强黏胶纤维无皮芯结构，截面呈圆形。

黏胶纤维的分类

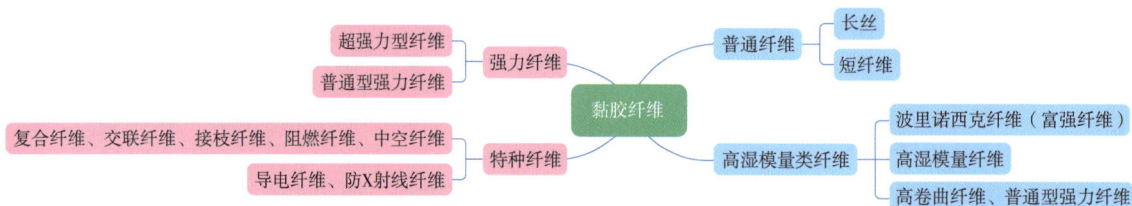

黏胶纤维的性能

黏胶纤维原料的衬衫

优点：黏胶纤维的基本化学成分与棉纤维相同，所以性能也接近棉纤维。具有良好的吸湿性和透气性，是所有化学纤维中吸湿性与透气性最好的一种。染色性能较好，比棉更易上色，染色绚丽。手感柔软，光泽柔和。黏胶纤维像棉纤维一样柔软，像丝纤维一样光滑，悬垂性好。

缺点：普通黏胶纤维自身质量比较重，所以它的弹性较差，如果受到挤压和搓揉，就很容易起皱，如左图所示，且恢复的性能较差，难以恢复到原样。另外，黏胶面料不耐水洗，如果长时间地水洗会产生掉毛、起球和缩水的现象，而富强纤维则有所改善。

黏胶纤维的用途

由于吸湿性好，穿着舒适，可纺性优良，黏胶纤维常与棉、毛或各种合成纤维混纺、交织，用于制作各类服装及装饰用纺织品。高强力黏胶纤维还可用于轮胎帘子线、运输带等工业用品。

再生纤维——铜氨纤维·莫代尔纤维

再生纤维素纤维——铜氨纤维

铜氨纤维是一种再生纤维素纤维，是将棉短绒等天然纤维素原料溶解在氢氧化铜或碱性铜盐的浓氨溶液内，配成纺丝液，在凝固浴中铜氨纤维素分子化学物分解再生出纤维素，生成的水合纤维素经后加工即得到铜氨纤维。

铜氨纤维的应用

铜氨纤维面料衬衫

由于铜氨纤维手感柔软，光泽柔和，符合环保服饰潮流，所以常用作高级织物原料，特别适用于与羊毛、合成纤维混纺或纯纺，做高档针织物。加上其具有较好的抗静电功能，使铜氨纤维成为一直受欢迎的内衣里布，且至今仍然处于无可取代的地位。

铜氨纤维的性能

铜氨纤维的截面呈圆形，无皮芯结构，纤维可承受高度拉伸，制得的单丝较细，光泽柔和，具有真丝感，手感柔软。铜氨纤维的吸湿性与黏胶纤维接近，在相同的染色条件下，铜氨纤维的染色亲和力较黏胶纤维大，上色较深。铜氨纤维的干强与黏胶纤维接近，但湿强高于黏胶纤维，耐磨性也优于黏胶纤维。

铜氨纤维制作成的面料，具有透气性、吸湿性、抗静电、悬垂性这四大特点，质感柔顺更接近丝绸。

铜氨纤维面料也有缺点，因为工艺条件导致其价格更为昂贵，同时铜氨纤维比黏胶纤维更细，属于比较脆弱的纤维，不耐热，不耐酸碱，在日常保养上需要更加小心，穿着时请不要过分摩擦或强力拉伸，避免受外力影响造成纰丝现象。

再生纤维素纤维——莫代尔纤维

莫代尔是一种高湿模量再生纤维素纤维，该纤维的原料采用云杉、榉木制成的木浆粕，通过专门的纺丝工艺加工成纤维。该产品原料全部为天然材料，对人体无害，并能够自然分解，对环境无害。

莫代尔纤维的性能

莫代尔纤维柔软、光洁，色泽艳丽，悬垂性较好，有真丝般的光泽和手感。莫代尔纤维具有合成纤维的强力和韧性，强力高于纯棉、涤棉。其吸湿能力比棉纤维高出 50%。莫代尔纤维与棉纤维相比，具有良好的形态与尺寸稳定性，使织物具有天然的抗皱性和免烫性，使穿着更加方便、自然。莫代尔纤维的染色性能较好，色牢度好，与纯棉相比，穿着更舒适，没有纯棉服装易褪色、发黄的缺点。

由于莫代尔面料比较轻薄，所以它的缺点是极易变形，清洗的时候要特别注意。

莫代尔纤维新产品

新型莫代尔纤维是奥地利兰精公司新开发的一种新型功能性纤维素纤维。确切地说，这是一种具有抑菌效果的莫代尔纤维。

细特莫代尔纤维是在普通莫代尔纤维的基础上开发的，比普通莫代尔纤维更加纤细柔弱，具有棉的吸湿性和接近于涤纶的强度，还具有良好的保暖性和鲜艳的染色效果。

莫代尔纤维的应用

莫代尔是柔软、舒适针织物和机织物的理想纤维原料。由于其杰出的透气性和易打理的特性，在女士外套、内衣、运动服饰和家用纺织品中的应用越来越广泛。

莫代尔纤维内裤

再生纤维——大豆纤维·牛奶纤维

再生蛋白质纤维的定义

再生蛋白质纤维是指用酪素、大豆、花生、牛奶、胶原等天然蛋白质为原料经纺丝形成的纤维。再生蛋白质纤维因强度较差，且原料是人类的食物，所以发展受到限制。

再生蛋白质纤维——大豆纤维

大豆纤维

大豆纤维的定义

大豆纤维是从大豆中提炼出的蛋白质溶解液经纺丝而成，是一种再生植物蛋白质纤维。其生产过程对环境和人体等无污染，易生物降解；有着羊绒般的柔软手感，蚕丝般的柔和光泽，优于棉的保暖性和良好的亲肤性等优良性能。大豆纤维在家用纺织品、高档针织内衣等领域具有较大的应用前景。

再生蛋白质纤维——牛奶纤维

牛奶纤维制作的面膜

牛奶纤维的性能

牛奶纤维是以牛乳作为基本原料，经过脱水、脱油、脱脂等工艺使之成为一种具有线型大分子结构的乳酪蛋白，再与聚丙烯腈采用高科技手段进行共混、交联、接枝制备成统一丝原液，最后通过湿法纺丝而成的再生纤维。牛奶纤维具有羊绒般柔软、舒适、滑糯的手感，纤维断面为不规则圆形，断面中布满空隙，纵向有许多沟槽，蛋白质分子分布在纤维的表面，含有天然蛋白保湿因子和大量亲水基团，可迅速吸收人体汗液并具有保湿功能，同时富含的氨基酸能够防止皮肤衰老、瘙痒，并营养肌肤，抑菌功能好。牛奶纤维可以纯纺，也可以和羊绒、蚕丝、绢丝、棉、毛、麻等纤维进行混纺，织成具有牛奶纤维特性的织物，可开发高档内衣、衬衫、T恤、家居服饰、休闲装、家纺床上用品等。

无机纤维

无机纤维的定义

无机纤维是一种以天然无机物或含碳高聚物纤维为原料，经人工抽丝或直接碳化制成的纤维，如玻璃纤维、金属纤维、陶瓷纤维、碳纤维等。

无机纤维——玻璃纤维

玻璃纤维是一种以玻璃为原料，拉丝成型的纤维。该纤维绝缘性好、耐高温、抗腐蚀性好、耐磨性差，广泛用于电绝缘材料、绝热保温材料等。

无机纤维——金属纤维

以金属物质制成的金属纤维，具有良好的导电、导热、导磁和耐高温性能，一般用于制作抗静电服、防辐射面料等。

金属纤维防辐射服

无机纤维——陶瓷纤维

陶瓷纤维是一种纤维状轻质耐火材料，具有重量轻、耐高温、热稳定性好、导热率低、比热小及耐机械振动等优点。

无机纤维——碳纤维

碳纤维是一种含碳量在90%以上的高强度高模量纤维，其耐高温性能居所有化学纤维之首，是制造航天航空等高技术器材的优良材料。

碳纤维车身

合成纤维——涤纶等

合成纤维的定义

　　合成纤维以石油、煤、天然气中的简单低分子为原料，通过人工聚合形成大分子高聚物，经溶解或熔融形成纺丝液，然后从喷丝孔喷出凝固形成纤维。合成纤维具有生产效率高、原料丰富、品种多、服用性能好、用途广等优点，因此发展迅速，主要种类有涤纶、锦纶、腈纶、丙纶、氨纶、维纶、氯纶。

合成纤维——涤纶

涤纶格子配饰	涤纶纤维	涤纶纤维性能
	涤纶纤维学名为聚酯纤维（Polyester），是世界上用量最大的纤维；可制成蓬松柔软、透气性好，并且具有毛型感的针织或机织产品。	优点：强度高、弹性高、良好的保形性和耐热性，坚劳耐用、抗皱免烫、不粘毛。 缺点：涤纶吸湿性差，不易染色，穿着闷热，有不透气感，易积蓄静电，易吸灰。

合成纤维——锦纶

锦纶面料登山服	锦纶纤维	锦纶纤维性能
	锦纶纤维通常称为尼龙（Nylon），学名为聚酰胺纤维；适于制作具有防水性和防风性的服装，如登山服、宇航服、降落伞等。	优点：强度高、耐磨性高、回弹性好，比重较小，穿着轻便。 缺点：耐光性和耐热性差，易变形。

合成纤维——腈纶

腈纶毛线	腈纶纤维	腈纶纤维性能
	腈纶纤维学名为聚丙烯腈纤维（Acrylic），酷似羊毛，被称为"合成羊毛"；主要产品有腈纶膨体纱、毛线、针织品、仿毛皮制品等。	优点：腈纶的热导率低、纤维蓬松、保暖性好，而且比重小，相同保暖性能下比羊毛轻。 缺点：吸湿性差，易起静电，易吸灰，易起毛、起球。

合成纤维——丙纶

丙纶地毯	丙纶纤维	丙纶纤维性能
	丙纶纤维学名为聚丙烯纤维（Polypropylene），可以织袜、蚊帐布、尿不湿等，工业上可以做地毯、渔网、绳索等。	优点：密度小、质地轻，是服装用纤维中最轻的；强度高，弹性好，耐磨性好，结实耐用。 缺点：耐热性差，耐光性和耐气候性差，吸湿性差，易起静电，易起毛、起球。

合成纤维——氨纶

添加氨纶的泳衣	氨纶纤维	氨纶纤维性能
	氨纶纤维的学名为聚氨酯纤维，俗称弹性纤维（Spandex），广泛用于内衣裤、连裤袜、绷带等。	优点：弹性最好，有较好的耐光、耐酸、耐碱、耐磨性能。 缺点：强度最差，吸湿性差，耐热性差。

纱线基础知识

　　传统概念中，纱线是由短纤维沿轴向排列并经加捻而成的，或用长丝（加捻或不加捻）组成的具有一定细度或力学性质的产品统称为"纱"。由两股或两股以上的单纱并合加捻而成的产品，统称为"线"。

开松	梳理

并条	加捻
	牵伸罗拉　纱

　　纺纱过程是把大量排列紊乱而有纺纱价值的、有时还含有各种杂质的天然短纤维和化学短纤维原料，经过各种纺纱系统纺成具有一定性能的连续单纱。虽然各工艺过程及工艺设备自成体系，但工艺原理基本相同，均以"开松除杂—梳理—牵伸—并条—加捻"为主线。

　　开松，将压紧的化纤包中的块状纤维开松成小块或小纤维束。除杂，除去原料中的部分杂质。混合，将各种性质的纤维均匀混合。成卷，制成均匀的化纤卷，供梳理工序使用。

　　梳理，梳理机把纤维块或纤维束进行细致梳理获得单纤维，继续除杂，成条，制成均匀的棉条，称为粗梳。在粗梳的基础上，把几根生条在精梳机上合并、梳理，制成精梳条。

　　加捻，给牵伸后的纱条加上一定的捻度，使之具有一定的强力、弹性和光泽。加捻后的纱线卷绕成管纱，便于运输和后加工。

从纤维到纱线

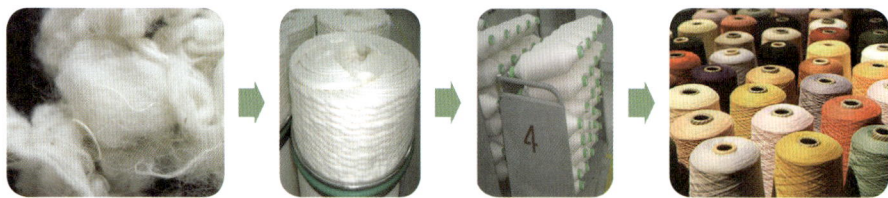

棉纺纺纱系统

　　棉纺纺纱系统是把棉纤维加工成为棉纱、棉线的纺纱工艺过程。这一工艺过程也适合纺制棉型化纤纱、中长纤维纱以及棉与其他纤维混纺纱等。棉纺纺纱系统可分为粗纺纺纱系统、精梳纺纱系统和废纺纺纱系统。粗纺纺纱系统一般用于纺制中、细特纱，供织造普通织物用。精梳纺纱系统用于纺制高档棉纱、特种工业用纱或涤棉等混纺纱，要求纱线结构均匀、洁净、强力高、光泽好。

毛纺纺纱系统

　　毛纺纺纱系统是以羊毛纤维和毛型化纤为原料，在毛纺设备上纺制毛纱、毛与化纤混纺纱和化纤纯纺纱的生产全过程。毛纺纺纱系统分为粗梳、精梳和半精梳毛纺系统。粗梳主要用于纺毛型纱线和织造呢类产品。精梳毛纺系统的主要产品有华达呢、哔叽、凡立丁等。

股线·变形纱

股线

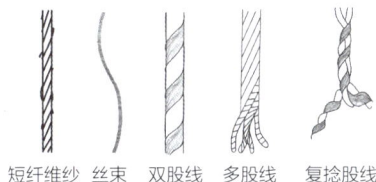

短纤维纱　丝束　双股线　多股线　复捻股线

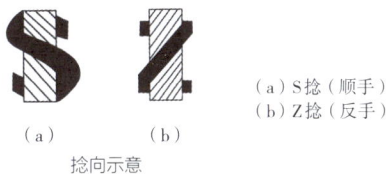

（a）S 捻（顺手）
（b）Z 捻（反手）

（a）　　（b）

捻向示意

股线：由两根或两根以上的单纱合并加捻制成，其强力、耐磨性优于单纱；同时，股线还可按一定方式进行合并加捻，得到复捻股线，如双股线、三股线和多股线；主要用于缝纫线、编织线或中厚结实织物。

股线分为 ZS 捻股线和 ZZ 捻股线。ZS 捻股线指单纱 Z 捻，股纱 S 捻，股线捻向与单纱异捻，纱线结构稳定，手感柔软，光泽较好。ZZ 捻股线指单纱 Z 捻，股纱 Z 捻，股线捻向与单纱同捻，纱线结构不太稳定，易扭结，手感粗硬，光泽较差。

变形纱及分类

变形纱是利用合成纤维受热后可塑化变形的特性制成的一种具有高度蓬松性和弹性的纱线。变形纱主要有两种形式：一种是以追求蓬松性为主的短纤纱，简称膨体纱，其特性是体积蓬松，手感松软，具有高度的压缩弹性；另一种是以追求伸缩弹性为主的化纤长丝纱，简称弹力丝，在小负荷外力作用下即可具有较大的伸长变形及变形回复能力。

变形纱

由高收缩纤维与低收缩纤维混纺的稳定的膨体纱

空气喷射长丝膨体纱

假捻弹力丝

刀口弹力长丝

填塞箱弹力长丝

膨体纱加工方法

将经过干燥、热定型、卷曲处理后的丝束在其玻璃化温度以上再进行热抽伸，然后在紧张状态下迅速冷却，使纤维在具有较大内应力的情况下固定下来。这种纤维潜伏着受热后的收缩性，一般称为高收缩纤维。把高收缩纤维与不经过二次热抽伸的低收缩纤维按一定比例进行混合纺纱，将纺好的纱在 100℃ 以上进行热松弛处理。此时高收缩纤维沿长度方向收缩成为芯纱，而低收缩纤维则被挤到表面形成圈形，使纱条蓬松而柔软。

弹力丝加工方法

假捻法：把两端固定的丝条在中间加捻，在加捻点上、下两端丝条上就会形成捻向相反、捻数相同的捻回。利用化学纤维的热塑性能，在加捻点的下段进行加热定型，即已加捻的丝条在热定型器中消除扭曲应力，则加捻变形固定下来，捻度退掉而形成的卷曲状态保存下来，成为卷曲蓬松的弹力丝。假捻法即加捻—定型—退捻。

刀口擦过法：将加热的丝束以紧张状态擦过曲率半径很小的刀刃，由于接触的内侧和外侧变形不同，内侧受压力、外侧受拉力，使纤维在刀刃处呈剧烈的弯曲状态，处理后的纤维将保留波浪形卷曲的状态。

填塞箱法：将长丝挤进一个热的填塞箱，长丝在卷曲的状态下进行热定型，将得到长度方向卷曲不匀的变形丝。

喷气变形法：利用高速气流使受到冲击的丝条中各根长丝产生弯曲，形成随机的环圈，借纤维之间的摩擦而使环圈固定在一定的位置上。

花式纱线

花式纱线是指在纺纱和制线过程中采用特种原料、特种设备或特种工艺对纤维或纱线进行加工而得到的具有特种结构和外观效应的纱线，是纱线产品中具有装饰作用的一种纱线。几乎所有的天然纤维和常见化学纤维都可以作为生产花式纱线的原料，各种纤维可以单独使用，也可以相互混用，取长补短，充分发挥各自固有的特性。

结构效果

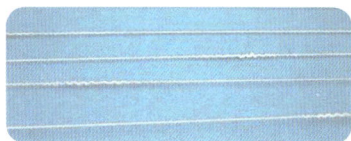

竹节纱：特点是纱身上有间隔的粗节，以它织成的绸或其他织物，俗称疙瘩绸、疙瘩呢等。其特色是绸面上呈现一个个凸起的花纹，尤其是将组成疙瘩的纤维预先染上颜色后所纺制的彩色疙瘩纱，隆起在绸面上的凸纹更鲜艳夺目。

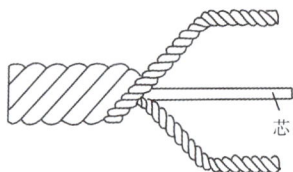

包芯纱：一种以长丝为纱芯外包短纤维而纺成的细纱，兼有纱芯长丝和外包短纤维的优良物理机械性能。包芯纱一般以强力和弹力都较好的合成纤维长丝为纱芯，外包棉、毛、黏胶纤维等短纤维一起加捻纺制而成。由这种包芯纱制成的针织物或牛仔裤料穿着时伸缩自如，舒适合体。

大肚纱：以粗节为主，突出大肚，且粗细节的长度相差较大。大肚纱单位长度的粗节数相对较多，粗节更粗、更长，细节处反而较短。大肚纱的原料以羊毛和腈纶等毛型长纤维为主。

彩点纱：表面附着各色彩点子的纱，一般底纱（基纱）与彩点的颜色反差较大。彩点纱的线密度较粗，多用于粗梳呢绒，如粗花呢中的火姆司本（钢花呢）即用彩点纱织造而成。

辫子线：用一根强捻纱做饰纱，由前罗拉送出，芯纱由后罗拉慢速放出。因饰纱超喂，这样在它松弛状态下回弹发生扭结而产生不规则的小辫子，附着在芯纱和固纱中间成为辫子线。因辫子线是强捻纱，所以手感比较粗硬。

颜色效果

双色波形线：两种颜色生成波形的线。一种是两根色纱分别向两边弯曲生成双色波形线；另一种是两种不同色的粗纱同时喂入牵伸区，经牵伸后的双色纤维成为双色波形线。双色波形线较粗，一般用于时装面料或装饰织物。

双色交替波形线：必须在有双后罗拉的花式捻线机上生产。两后罗拉交替送纱，这样A色波纹、B色波纹交替出现。在两色过渡处，若两后罗拉均送纱，但送纱速度减慢1/2，则会生成一段AB双色波形线。

织物分类

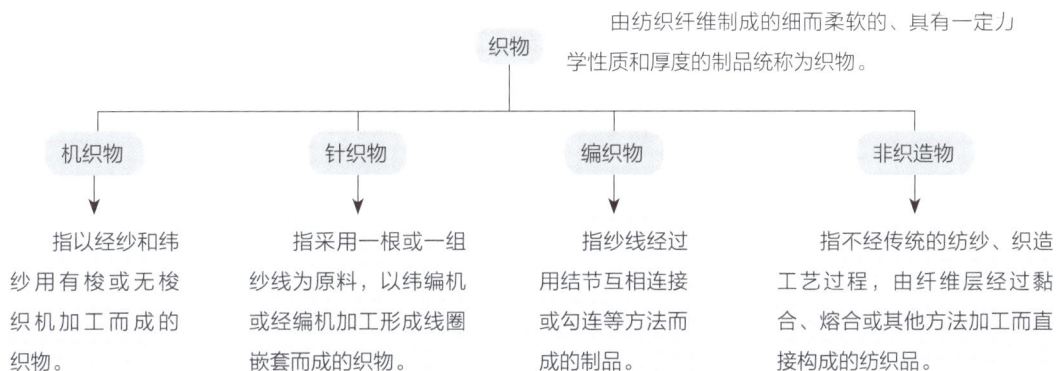

织物

由纺织纤维制成的细而柔软的、具有一定力学性质和厚度的制品统称为织物。

机织物	针织物	编织物	非织造物
指以经纱和纬纱用有梭或无梭织机加工而成的织物。	指采用一根或一组纱线为原料,以纬编机或经编机加工形成线圈嵌套而成的织物。	指纱线经过用结节互相连接或勾连等方法而成的制品。	指不经传统的纺纱、织造工艺过程,由纤维层经过黏合、熔合或其他方法加工而直接构成的纺织品。

常见织物

机织面料	针织面料

机织面料: 一种历史悠久的由纱线形成织物的方法;由两组相互垂直的纱线,以90°角作经纬交织而成的面料;纵向的纱线叫经纱,横向的纱线叫纬纱。

针织面料: 由线圈作为基本单元组成的,线圈相互串套而形成针织面料。纱线形成线圈的过程,可以横向或纵向地进行,横向编织称为纬编针织面料,纵向编织称为经编针织面料。

编织面料	针织镂空面料

编织面料: 以不同质感的线、绳、皮条、带、装饰花边,用钩织或编结等手法,组合成各种极富创意的面料,形成凸凹、交错、连续、对比的视觉效果。

针织镂空面料: 镂空横编面料,面料本体由地纱和花型纱以横编机编织的方式交织而成。

针刺棉	羊毛毡

针刺棉: 针刺棉是一种不经过纺织,直接将纤维用针刺成絮片的产品。

羊毛毡: 毛毡采用羊毛制成,利用加工黏合而成(非经纬交织)。

非织造布	层压面料

非织造布: 选用优质塑料瓶片,经过加工形成回收料化纤,再经过缝编法,把它们的组合体进行加固。

层压面料: 层压成型面料,是指在加热、加压下把多层相同或不同材料结合成整体的成型加工面料。

机织物

机织物加工过程

整经 → 浆纱 → 并轴 → 穿综穿筘 → 调机 ┐

坯布检验 ← 织造 ← ┘

机织物加工常见设备

卷装机：常见的简单卷绕方式如各种纤维卷、经轴、织轴、布轴，都只是利用简单的回转运动把成品或半制品卷绕成所需要的圆柱形卷装。纺纱过程中单头纱线的卷绕除了卷绕的回转运动外，还有卷绕点相对于卷装的往复运动，使纱线沿着卷装的轴线方向不断往复或升降，通过这两种运动的复合使纱线以螺旋线形式绕在纱管上，层层相叠，成为整齐紧密的卷装。将回转运动与往复运动适当配合，可绕成各式各样的卷装。

整经机：整经是将一定根数的经纱按规定的长度和宽度平行卷绕在经轴或织轴上的工艺过程。经过整经的经纱供浆纱和穿经之用。整经要求各根经纱张力相等，在经轴或织轴上分布均匀，色纱排列符合工艺规定。整经一般分为轴经整经、分条整经、分段整经、球经整经。

浆纱机：浆纱是在经纱上施加浆料以提高其可织性的工艺过程。可织性是指经纱在织机上能承受经停片、综、筘等的反复摩擦、拉伸、弯曲等作用而不致大量起毛甚至断裂的性能。未上浆的单纱纤维互相抱合不牢，表面毛羽较多，难以织制。上浆后一部分浆液透入纤维之间，另一部分黏附在经纱表面。以浆液透入纤维之间为主的上浆称浸透性上浆，以浆液黏附在经纱表面为主的上浆称被覆性上浆。

并轴机：并轴是织前准备工序之一，按织物总经根数把若干浆轴合并成一个织轴。并轴加工使浆轴上经丝根数可减至900～1200根，经丝可在相互分离状态下进行上浆和烘燥，形成光滑完整的浆膜，故常在合成纤维长丝，特别是无捻长丝的经丝上浆后进行。

剑杆织机：目前应用最为广泛的无梭织机，它除了具有无梭织机高速、高自动化程度、高效能生产的特点外，其积极引纬方式具有很强的品种适应性，能适应各类纱线的引纬；此外，剑杆织机在多色纬织造方面也有着明显的优势，可以生产多达16色纬纱的色织产品。随着无梭织机取代有梭织机，剑杆织机成为机织物的主要生产机种。

常见机织物组织

平纹组织

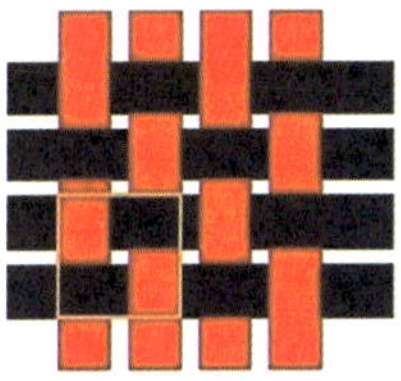

平纹组织结构示意图
■ 表示经纱
■ 表示纬纱
□ 表示基本循环单元

平纹织物

由经纱和纬纱一上一下相间交织而成的组织，即经纬纱每隔一根纱就交错一次，所以交织点最多，纱线屈曲点最多，使织物坚牢、耐磨、硬挺、平整，但弹性比较小，光泽一般，平纹织物密度不可能太高，较为轻薄，耐磨性较好，透气性较好。

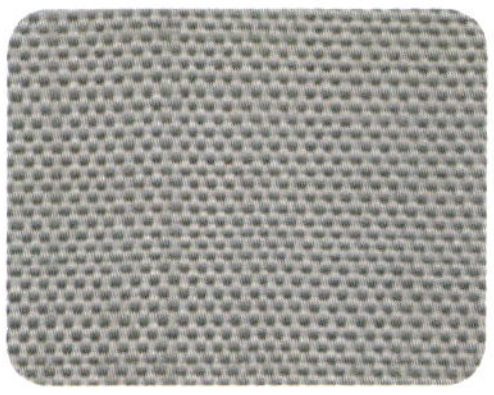

斜纹组织

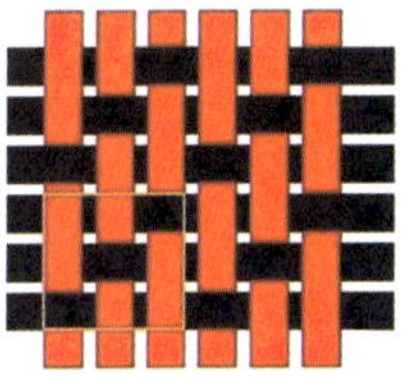

2/1↗组织结构示意图
■ 表示经纱
■ 表示纬纱
□ 表示基本循环单元

斜纹织物

经组织点（或纬组织点）连续成斜线的组织称为斜纹组织。斜纹织物经纬纱交织的次数比平纹少，经纬纱之间的孔隙较小，纱线可以排列得较密，从而织物比较致密厚实。斜纹织物较平纹织物手感柔软，弹性好。但由于斜纹织物浮长线较长，在经纬纱粗细、密度相同的条件下，耐磨性、坚牢度不如平纹织物。布面有明显斜向纹路，手感、光泽、弹性较好。

缎纹组织

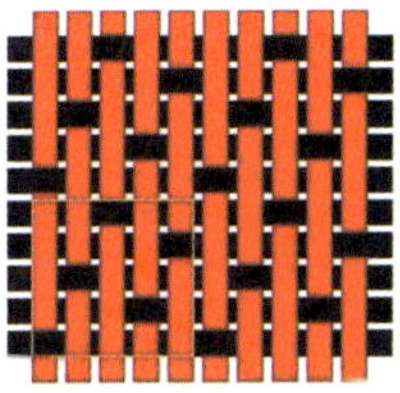

5 枚 2 飞经面缎纹
■ 表示经纱
■ 表示纬纱
□ 表示基本循环单元

缎纹织物

每间隔四根以上的纱线才发生一次经纱与纬纱的交织，且这些交织点为单独的、互不连续的，均匀分布在一个组织循环内。织物表面具有较长的经向或纬向的浮长线。缎纹组织的外观与平纹组织和斜纹都不相同，经纬纱上下交织的次数比斜纹织物少得多，比平纹织物更少，在一根纬纱的两个相邻的经组织点之间，纬纱连续浮在几根经纱的上面，因而有较长的纬纱披覆在织物表面。织物质地柔软，表面平滑匀整，富有光泽。

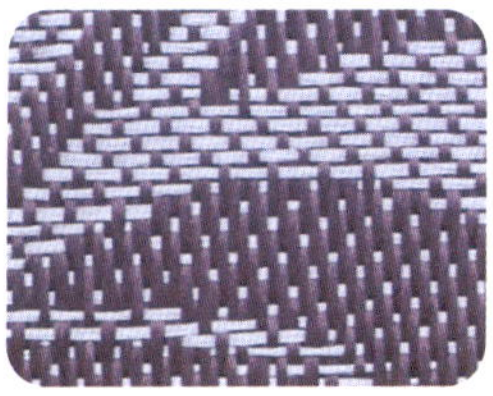

纬编针织物

针织物：使用织针等成圈机件使纱线形成线圈，并将线圈依次串套而成的织物。线圈是针织物的基本构成单元，也是有别于其他织物的标志。针织物与机织物相比，具有手感柔软、延伸性好、弹性好及吸湿透气性好、抗皱性好等特点，但纬平针织物有易脱散、易钩丝、尺寸较难控制、卷边性等缺点。针织物按照生产方式可以分成纬编和经编两大类。

纬编针织物

纬编针织物：是由一根（或几根）纱线沿针织物的纬向有顺序地弯曲成圈，并由线圈依次串套而成的针织物。纬编针织物质地柔软，具有较大的延伸性、弹性以及良好的透气性。纬编针织物的基本组织有纬平组织、罗纹组织和双反面组织。

纬平组织（平针组织）

纬平组织：又称平针组织，是针织物中最简单、最基本的单面组织。平针组织由连续的线圈相互穿套而成。

结构特点：纬平组织在针织物的两面具有不同的外观，正面外观显露出纵行条纹的圈柱，反面外观显露出横向圈弧。一般将横向圈弧显露的一面作为反面，而将圈柱纵行显露的一面作为正面。由于在编织时纱线上的接头和结杂易被滞留在织物反面，织物正面比较光洁。

特性：平针织物有卷边性、脱散性，生产时用纱量较少，简单方便，效率高。

应用：平针织物广泛用于内衣、外衣、毛衣、运动衣、袜子及手套等。

纬平织物（正面）

罗纹组织

罗纹组织：由正面线圈纵行和反面线圈纵行相互配置而组成的。

结构特点：罗纹组织具有较大的横向延伸性和弹性，密度越大，则弹性越大，具有逆编织方向脱散性，不卷边。

表示方法：罗纹组织的种类很多，通常用数字1+1、1+2、2+2等分别代表正反面线圈纵行在一个完全组织中的组合情况。

应用：罗纹组织的针织物，在横向拉伸时具有较大的弹性和延伸性，因而常用于需要一定弹性的内外衣制品，如弹力衫、弹力背心，以及套衫袖口、领口和裤口等。

2+2 罗纹织物

双反面组织

双反面组织：由正面线圈横列和反面线圈横列相互交替配置而成。

结构特点：圈柱由前至后，由后至前，导致线圈倾斜，使织物的两面都由线圈的圈弧突出在前，圈柱凹陷在里，在织物正反两面，看上去都像纬平组织的反面。

表示方法：根据正、反面线圈横列的不同组合，可有1+1、2+2、3+3、2+3等。

特性：顺和逆编织方向均可脱散，纵向弹性和延伸度较大，厚度增大，卷边性随正面线圈横列和反面线圈横列组合的不同而不同。

应用：双反面组织的针织物比较厚实，具有纵、横向弹性与延伸性相近的特点，因而适于做婴儿衣物及袜子、手套、羊毛衫等成型针织品。

1+1 双反面组织织物

经编针织物

经编针织物： 经向编织的，就像机织物的经纱一样，由经轴供纱，经轴上卷绕有大量平行排列的纱线，与机织中的经轴类似。由一组或几组经纱在经编针织机上同时编织成圈、相互串套而成的针织物。在这种针织物中，一组经纱的每根纱线在一个线圈横列中只形成一个或两个线圈，然后在下一横列中再形成线圈。由一根纱线形成的线圈沿着针织物的经向配置。常见的经编组织包括编链组织、经平组织、经缎组织和其他组织。

编链组织	经平组织	经缎组织
开口编链　闭口编链		
编链组织可分为开口编链和闭口编链两种形式。在编链组织中各纵行间互不联系，纵向延伸性小，一般用它与其他组织复合成针织物，可以减小纵向延伸性。编链组织除常用作钩编织物和窗纱等装饰织物的地组织外，还用作条形花边的分离纵行和加固边。	每根纱线在相邻两枚织针上轮流垫纱成圈的经编组织称为经平组织。这种织物的线圈均呈倾斜状态，而且线圈向着垂直于针织物平面的方向移动，使得织物两面具有相似的外观。	每根纱线按顺序地在三枚或三枚以上的织针上垫纱成圈形成的组织称为经缎组织。经缎组织由于闭口线圈和开口线圈的倾斜程度不同，对光线的反射也不同，因而织物上有横条纹效应，而且手感柔软。

经编花色组织

经编花色组织： 在经编原组织的变化组织基础上，利用线圈结构的变化、垫纱运动的变化，或者另外编入一些纱线或其他纺织材料等，以形成具有显著花色效应和不同性能的花色织物，如梳栉经编组织、多梳栉经编组织、贾卡经编组织、双针床经编组织等。

贾卡经编组织织物： 由贾卡提花装置分别控制拉舍尔型经编机全幅的各根部分衬纬纱线（或压纱纱线、成圈纱线等）的垫纱横移针距数，从而在织物表面形成由密实、稀薄和网孔区域构成的花纹图案经编结构，称为贾卡提花经编组织，简称贾卡经编组织。

贾卡经编织物已在国内外广泛流行，主要用于窗帘、台布、床罩等各种室内装饰与生活用织物，也可用作女性的内衣、胸衣、披肩等装饰性花纹的服饰物品。

多梳栉经编组织织物： 在网孔地组织的基础上采用多梳衬纬纱、压纱衬垫纱、成圈纱等纱线形成装饰性极强的经编结构，称为多梳栉经编组织。编织多梳栉经编组织所采用的梳栉数量，与多梳栉拉舍尔经编机的机型有关。一般少则十几至二十几把，中等数量三五十把，目前最多可达九十五把。梳栉数量越多，可以编织的花纹就越大、越复杂和越精致，但是相应的机速将有所下降。多梳栉经编组织的织物有满花和条型花边两种。满花织物主要用于女性内外衣、紧身衣等服用面料，以及窗帘、台布等装饰产品。条型花边主要作为服装辅料使用。

非织造物

非织造物指定向或随机排列的纤维，通过摩擦、抱合或黏合，或者这些方法的组合而相互结合制成的片状物、纤网或絮垫；不包括纸、机织物、针织物、簇绒织物、带有编缠纱线的续编织物以及湿法缩绒的毡制品；所用纤维可以是天然纤维或化学纤维，也可以是短纤维、长丝或当场形成的纤维状物。

非织造物的工艺过程

① 纤维与原料的选择：纤维是所有非织造材料的基础。大多数天然纤维和化学纤维都可用于非织造材料。原料还包括黏合剂和后整理化学剂。

② 成网：将纤维形成松散的纤维网结构称为成网。此时所成的纤网强度很低，纤网中的纤维既可以是短纤也可以是长丝，主要取决于成网的工艺方法。成网工艺主要有干法成网、湿法成网和聚合物挤压成网三大类。

③ 纤网加固（成型）：纤网形成后，通过相关的工艺方法对纤网所持松散纤维的加固称为纤网加固，它赋予纤网一定的物理机械性能和外观。

④ 后整理与成型：后整理在纤网加固后进行。后整理旨在改善产品的结构和手感，有时也为了改变产品的性能，如透气性、吸收性和防护性。后整理方法可以分为两大类：机械方法和化学方法。机械后整理包括起皱、轧光轧纹、收缩、打孔等。化学后整理包括染色、印花及功能整理等。

⑤ 经整理后，非织造材料还需成型过程有：退卷、分切、折叠、裁剪、缝纫、消毒、浸渍和包装。

非织造物的特点

非织造物是介于传统纺织品、塑料、皮革和纸四大柔性材料之间的材料。不同的加工技术决定了非织造材料的性能，有的非织造材料像传统纺织品，如水刺非织造材料；有的像纸，如湿法或干法造纸非织造材料；有的像皮革，如海岛纤维非织造基材合成革等。

非织造材料采用的原料、加工工艺技术的多样性，决定了非织造材料的外观、结构多样性。从结构上看，大多数非织造材料以纤网状结构为主，有的是纤维与纤维缠绕而形成的纤维网架结构，有的是纤维与纤维之间在交接点黏合的结构。从外观上看，非织造材料有布状、网状、毡状、纸状等。

非织造物的应用

个人卫生领域：婴儿尿布、茶叶袋、化妆和卸妆用材料、擦镜布、湿巾等。		医疗保健领域：手术帽、手术衣、口罩、鞋套、纱布、棉球、绷带胶带、床单、包扎布。	
家具及家用领域：防尘布、装饰材料、枕头、枕套、百洁布、抛光布、餐巾、地毯、窗帘等。		农业领域：农作物覆盖、革基布、毛细管垫等人造革基布。	
汽车领域：车厢衬垫、防滑垫、车用人造革背衬、隔音隔热材料等。		建筑材料领域：屋顶及瓦片基材、吸音密封材料、房屋保暖包覆材料等。	

毛皮·皮革

毛皮

毛皮：又称作裘皮或皮草，源于动物皮毛的服装用料，与皮革相比，毛皮的价值更高，历史更悠久。通常把鞣制后的动物皮草称为毛皮。鞣制是指通过一系列工艺，并采用一些化学药剂对原料皮进行化学和物理加工，鞣制后的皮革既柔软、牢固，又耐磨，不容易腐败变质。人类饲养的毛皮动物是当今制作裘皮服装的主要来源，人造毛皮代替天然毛皮值得提倡。

天然毛皮：毛被的针毛和粗毛色彩丰富，光泽艳丽，绒毛则色彩自然、柔和。天然毛皮有良好的吸湿性，同时又具有极好的保暖性和防风性能，并且质地轻、软、蓬松，外观美丽奢华。

人造毛皮：和天然毛皮的主要差别是光泽和花纹。人造毛皮光泽感不够自然，手摸无温暖感觉，颜色、花纹完全一致，而天然毛皮的颜色、花纹是不可能完全一致的。

毛皮的生产过程

生皮的选择　　皮的分类选择　　毛皮的切割　　毛皮的裁剪　　缝纫毛皮　　成品

皮革

皮革：经过加工处理的光面或绒面皮板。皮革的热稳定性能好，有良好的耐热性和耐寒性，具有较高的机械强度，具有透气性和排湿性，具有较好的着色能力。皮革的主要品种有牛皮革、羊皮革和猪皮革。

动物皮革：应用在服装上可按需要进行处理，制成各种不同肌理效果的服装用革，如按皮革层次分为头层革和二层革，头层革又分为全粒面革（光面革）和修面革（绒面革）。

人造皮革：用聚氯乙烯树脂涂在底布上，经过加热、加压工艺制成类似革的制品。

动物皮革

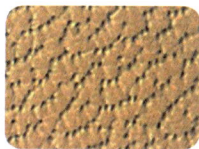  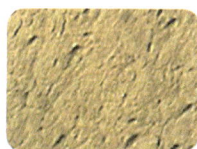

牛皮革：表面毛孔呈圆形，毛孔密而均匀，排列不规则，因牛身上的部位不同，质量差异较大。牛皮革耐磨、耐折，吸湿透气性较好，磨光后光亮度较好，绒面革的绒细而密，是优良的服装材料。

羊皮革：分为山羊皮和绵羊皮两种。山羊皮皮身较薄，皮面略粗，几个毛孔组成一组以鱼鳞状排列，成品革结实有光泽、透气、柔韧；绵羊皮皮身薄，成品革延伸性较好，但不耐拉扯。

猪皮革：毛孔圆而粗大，倾斜深入革内，明显的三点组成一小撮，具有特殊风格。猪皮革的透气性比牛皮革好，较耐折、耐磨。缺点：皮质粗硬，弹性较差。

服装辅料分类

服装是一项工程，包括设计、制作，其中制作过程分多个环节，最重要的一个环节就是材料的选定；材料又分面料和其他辅料。其他辅料我们统称服装辅料，是除面料外装饰服装和扩展服装功能的必不可少的材料。可以把服装辅料概括为服装里料、服装衬料、紧扣类材料、线带类材料、服装填料、装饰材料、其他材料七类。

七类服装辅料

	**服装里料：** 里料是用于服装夹里的材料，主要有涤纶塔夫绸、尼龙绸、绒布、各类棉布与涤棉布等。服装里料的主要作用是保护服装面料，使服装耐穿、保暖、舒适；使服装获得良好的保形性，使服装更为挺括美观；遮盖面料和其他辅料；使服装穿脱方便等。
	**服装衬料：** 即衬布，是附在面料和里料之间的材料，是服装的骨骼，起着衬垫和支撑的作用，保证服装的造型美，而且适应体型、身材，增加服装的合体性。衬料包括衬与衬垫两种，在服装衣领、袖口、袋口、裙裤腰、衣摆边及西服胸部加贴的衬料为衬布，一般含有胶粒，通常称为"黏合衬"，分有纺衬布（针织和机织）与无纺衬布两大类。在肩部为了体现肩部造型使用的衬垫以及胸部为增加服装挺括饱满风格使用的胸衬均属于衬垫材料，一般没有胶。
	**紧扣类材料：** 紧扣类材料在服装中主要起连接、组合和装饰的作用，它包括纽扣、钩、环、拉链与尼龙子母搭扣等种类。
	**线带类材料：** 线带类材料主要是指缝纫线等线类材料以及各种线绳线带材料。缝纫线在服装中起到缝合衣片、连接各部件的作用，也可以起到一定的装饰美化作用，是服装整体风格的组成部分。
	**服装填料：** 填料也称作"填充材料"，是服装面料与里料之间起填充作用的材料；主要是增强服装的保暖性能，也有的是作为衬里，以增加绣花或绢花的立体感；可分絮类填料和线类填料等种类。通常所说的絮类填料指的是未经过纺织的散状纤维和羽绒等絮状材料，使用时要有夹里，并且要求面料和里料有一定的防穿透性能。
	**装饰材料：** 服装的装饰材料包括花边、流苏以及金属片、珠光片等装饰材料。它们对服装起到装饰和点缀作用，以增加服装的美感与附加值。
	**其他材料：** 松紧带，其原料是橡胶，弹力大，一般用于服装的腰口、袖口、裤口等起调节松紧度的作用。罗纹带，也称"罗口"，是一种罗纹组织的针织物，主要用于服装的领口、袖口、裤口等处。标识，指服装的商标、规格标、洗涤标、吊牌等。

纺织品后整理

四道基本工序

纺织品后整理包括练（Boiling）、漂（Bleach / White）→染色（Dye）→印花（Print）→后整理（After treatment）四道基本工序。

练漂： 主要是去除杂质，提高纺织品的服用性能，并有利于后续加工的进行。由于纺织品种类较多，它们性质各异，而且各工厂的生产条件不相同，因此纺织品练漂时采用的工艺和设备也不尽相同。

练即煮练，煮练是利用烧碱和其他煮练助剂与果胶质、蜡状物质、含氮物质、棉籽壳发生化学降解反应或乳化作用、膨化作用等，经水洗后使杂质从织物上退除。漂即漂白，去除天然色素，赋予织物必要和稳定的白度。广义上还包括上蓝或荧光增白等利用增白剂使之产生光学性的泛白作用。

纺织纤维的染色： 主要用水作为染色介质，所用的染料大都能溶于水，或通过一定的化学处理转变成可溶于水的衍生物，或通过分散剂的分散作用制成稳定的悬浮液，然后进行染色。

染色方法按照纺织品的形态不同，主要分散纤维染色、毛条染色、纱线染色、匹染、成衣染色。

纺织品分散染料

染色纤维

纺织品印花： 将各种染料或颜料调制成印花色浆，局部施加在纺织品上，使之获得各色花纹图案的加工过程。印花过程包括图案设计、花筒雕刻、色浆调制、印制花纹、后处理（蒸化和水洗）等几个工序。按设备分类，印花主要分为平网印花、圆网印花、滚筒印花和转移印花。

特种印花： 纺织品的特种印花是将织物的最终成品显示出特殊效果的印花。例如，在纺织品上印上产生变色效果的花型称为变色印花，印有珠光的花型称为仿真印花，印上有立体感的花型称为发泡印花，产生透明花型效果的称为烂花印花等。

数码印花设备

为什么要进行后整理？

第一，使织物门幅整齐、尺寸形态稳定。属于此类后整理的有：定幅、防缩、防皱和热定型等。第二，改善手感。这类整理可采用机械方法、化学方法或两者共同作用下处理织物，使织物的手感，如柔软、丰满、平滑、硬挺、轻薄、厚实等获得提高。第三，改善织物外观。以物理机械或化学方法增进织物的外观，如光泽、白度、悬垂性等。这类整理有：轧光、电光、增白、缩呢等。第四，提高织物的服用性能，或赋予织物特殊功能。采用机械作用或化学方法使织物表面产生绒毛，增进保暖性，如起毛、剪毛、仿毛、仿真丝、仿麂皮等。采用某些化学药品，使织物具有拒水、拒油、防污、卫生、抗紫外线等特殊功能，以及化学纤维织物的亲水、抗静电、防起毛起球等性能。

时尚服装面料示例

时尚服装面料，指款式新颖且具有时代感的面料，对织物的结构质地有着较高要求，讲究色彩、纹样的变化创新。时尚是构成时尚服装面料的重要元素。

印花棉细布

印花棉细布是在采用较细纱支的纱线制成的棉细布上展现高质量印花图案的面料。

面料特点：质地轻薄、透明，表面光滑，透气性良好且手感柔软。

应用：常用于制作夏装，以及手帕、丝巾等装饰品。

府绸

府绸是棉、涤、毛、棉涤混纺纱织成的平纹细密织物，经密大于纬密。

面料特点：手感和外观类似于丝绸，有突出的水平棱纹，手感硬挺。

应用：轻薄面料用于制作衬衫和裤子，较厚重的面料用于夹克、裤子和短裙。

格子布和格子呢

格子布和格子呢是由几何图案和多样色彩组合的织物，可通过交染、涂料印花等方式生产。

面料特点：设计图案丰富灵活，有多种颜色组合，格子为四边形。

应用：格子色织物多应用于制作衬衫。

小提花织物

小提花织物又称多臂织物，是由多种织物组织变化复合而成，且具有表面纹理的薄型织物。

面料特点：具有丰富的质地和肌理，外观紧密细致，手感轻薄。

应用：广泛应用于制作高档衬衫。

板司呢

板司呢又称席纹呢，以毛为主原料的精致2/2方平组织，呢面呈小方格织纹。

面料特点：易设计裁剪，具有良好的悬垂性，回弹及抗皱性能良好。

应用：适宜制作精细的传统西服、夹克衫、猎装等。

非织造布

非织造布是用湿、热、压力等外力将大量聚酯纤维收缩而互相纠缠塑造成的面料。

面料特点：具有各式各样的纹理，耐磨性能好，可双面使用，悬垂性差。

应用：可用于制作舞台时尚帽、包袋等。

塔夫绸

塔夫绸是指用优质桑蚕丝经过脱胶的熟丝以平纹组织织成的绢类丝织物。

面料特点：质地细密且挺括，光泽感强，彩虹色的塔夫绸面料具有独特的闪光效应。

应用：可设计夸张轮廓，多应用于女装。

横贡缎

横贡缎是五枚三飞纬面缎纹组织的棉织物，经纬交织点较少，纬纱在织物表面浮线较长，具有丝绸中缎类的网格。

面料特点：富有光泽、颜色生动、表面顺滑且识别度高。

应用：主要用于女装、童装面料和被面等家用纺织品。

华达呢

　　华达呢又名轧别丁，是一种质地紧密的斜纹结构面料。

　　面料特点：呢面光洁平整，手感光滑挺糯，有良好的悬垂性，耐磨性能好。

　　应用：用于西装、运动装、半裙、中短款大衣等服装。

蕾丝

　　蕾丝最早是一种手工钩针的网眼针织物，现今也有机器批量生产的大众蕾丝。

　　面料特点：具有丰富多样的纹理、设计和手感，轻薄且有弹性，缝制时注意避免钩丝。

　　应用：常应用于女士衬衫、上装、裙装或贴身衣物。

绒布

　　绒布是一种以棉纤维或涤棉混纺纤维为原料的进行了起绒处理的方平组织织物。

　　面料特点：有棉织物的手感，织物柔软，穿着舒适，水洗后缩率较大。

　　应用：多应用于制作婴儿服、睡衣、女士上衣以及童装。

骑兵斜

　　骑兵斜是一种具有明显凸起斜纹效果的面料，其花纹让人联想到骑士的战马故以此为名。

　　面料特点：手感柔软，是具有较好悬垂性的强力型面料，因此对缝纫线的选择要求较高。

　　应用：通常用于制作骑装裤子，或一些风格独特的夹克和裤子。

雪纺

　　雪纺是一种通常采用复合长丝通过松散的机织结构得到透明外观的平纹机织物。

　　面料特点：轻薄透明，手感柔软，具有光泽，易撕裂。

　　应用：通常用于制作夏季女士上衣、裙装，也可用于制作贴身内衣裤、长袍等。

花呢

　　花呢是一种由丰富的混色纤维纱线随机编织出形态微妙的花型面料。

　　面料特点：面料柔软防缩，立体感强，有独特的色彩艺术效果。

　　应用：通常用于定制西装和外套的制作。

网眼针织物

　　网眼针织物是由多重纹理和方法织造出表面留有孔洞和空隙的面料。

　　面料特点：孔洞图形丰富，面料轻薄透气，具有很好的悬垂性，缝制时需注意避免钩丝。

　　应用：用于制作无袖衬衫、针织衫或内衣等贴身衣物。

拉绒面料

　　拉绒面料是用不同的处理手法（如磨毛、剪绒）使表面拥有绒或绒毛的立体感的起绒面料。

　　面料特点：有着高品质绒毛的丰满表面，手感柔软，适用面广，缩水率高。

　　应用：适用于制作裤装、夹克、外套等。

1.3 休闲服装面料

休闲服装面料示例

休闲服装面料，是一种给人以舒适、轻便、自然感觉的面料，适用于制作日常闲暇生活场合所穿的服装，体现着人们对生活质量的追求。

弹力绒面料

弹力绒面料是特别在纬纱方向混有2%氨纶的股线进行织造的轻质弹力面料。

面料特点：织物具有延伸性，并且具有良好保形性。

应用：常用于制作女士衬衫和上装。

泡泡纱和泡泡绉

泡泡纱和泡泡绉都是通过热处理或化学整理获得特殊皱缩外观的轻型织物。

面料特点：织物表面呈竖条纹泡泡状，手感挺括，褶皱持久，热敏感性强。

应用：一般用于制作气温较高时的夏季服装。

牛津布

牛津布是由较粗重的纬纱和多组较细的经纱交织而成的重平组织面料。

面料特点：织物表面富有光泽且手感丝滑，价格合理。

应用：一般适用于休闲男装和男士衬衫。

亚麻平布

亚麻平布是由韧皮亚麻纤维织造的麻布。

面料特点：经纬纱有竹节纹理，手感挺括，表面较粗糙但洗涤多次会变得柔软，抗皱性能差。

应用：广泛应用于制作裤装、裙装、夹克等春夏服装。

帆布

帆布是一种经纬纱均用多股线织造的平纹或斜纹组织，为较粗厚的棉或麻织物。

面料特点：表面有轻微棱纹，手感硬挺，面料粗糙厚重但结实耐用，易于裁剪。

应用：可用于夹克、休闲鞋、工作服、箱包、牛仔裤等。

印花薄呢

印花薄呢是通常采用黏胶短纤维纱织造的方平组织机织物进行印花处理而成的织物。

面料特点：表面有轻微绒毛，触感柔软，悬垂性好，容易起皱。

应用：通常用于儿童或女士的上装和裙子，以及休闲衬衫等。

休闲弹力机织物

休闲弹力机织物是在棉混纺或类似棉纤维中藏有弹力纱线的面料。

面料特点：表面光滑，具有弹性，织物可随身体变化缩放。

应用：可用于制作夏季夹克、裤子、短裤和裙子等。

麦尔登呢

麦尔登呢是一种经过轻微拉绒并且剪绒整理的粗纺毛织物。

面料特点：质地厚实，表面光滑，有顺滑绒毛，手感柔软易裁剪。

应用：适用于制作防风的冬季外套和大衣。

起绒布

起绒布是一种采用经或纬起毛组织以及背面经过起绒处理的棉布。

面料特点：表面光滑但背面有被刷起的绒毛，易起球，手感柔软且保暖。

应用：通常用于制作卫衣和休闲毛衣、裤子、裙子等。

摇粒绒

摇粒绒是由大圆机编织成坯布先经染色，再经多种工艺加工处理得到拉毛效果的超轻面料。

面料特点：柔软蓬松，触感柔软，保暖性好，重量轻。

应用：通常用于制作运动套装、柔软夹克、外套等。

无光针织物

无光针织物是采用强捻起皱纱线得到表面有明显褶皱效果的针织面料。

面料特点：有卵石般的花纹，表面有活力褶皱，悬垂性好，不卷边，缝制时需注意避免钩丝。

应用：一般用于制作女士衬衫、裙子或长袍。

灯芯绒

灯芯绒是由割断规则间隔浮长线，经起绒刷绒而创造出表面有纵向绒条的割绒织物。

面料特点：有着有趣的经向绒条和柔软的手感，吸湿性好，易磨损。裁剪时须注意绒毛方向。

应用：用于制作外套、夹克、休闲裤、半裙、马甲、包袋等。

花式针织物

花式针织物使用不同颜色的纱线交织和不同针法形成不同花色纹理和凹凸效果的面料。

面料特点：具有丰富多样的纹理外观，有弹性，悬垂性好，容易钩丝。

应用：常应用于制作贴身衣物、开衫、毛衣等。

丝光斜纹棉布

丝光斜纹棉布是一种棉纤维制成的有精致、清晰的斜纹表面结构的面料。

面料特点：具有光滑表面和悬垂的质感，耐磨损，易裁剪造型，但裁剪前需预缩处理，应用性较强。

应用：常应用于制作裤装、休闲夹克、裙装等。

毛巾布

毛巾布是一种由平针线圈和带有拉长沉降弧的毛圈线圈组合而成的织物。

面料特点：具有蓬松、柔软的表面，以及丰满轮廓，有吸水性。

应用：一般用于制作睡袍、海滩长袍、毛巾等。

牛仔布

牛仔布又称靛蓝劳动布，是一种经纱颜色深、表面为斜纹纹理的色织经面斜纹棉布。

面料特点：耐磨损性能极佳，弹力优且抗皱性能强，面料硬挺厚重。

应用：用于制作牛仔裤、牛仔上装、牛仔背心、牛仔裙等。

功能服装面料示例

功能服装面料,是指在原料中添加功能性材料,在织造过程中添加各种制剂和工艺,使面料具有特殊作用和超强性能,这种被赋予的"特殊功能"是一般服装面料所不具备的性能。

防撕裂布

防撕裂布在机织过程中多设置了一组经纬纱,使面料得到额外加固以拥有防止撕裂的功能。

面料特点:面料手感爽脆,表面图案有浮雕感,耐久性优良,强度大。

应用:常用于制作军事服装,也可用于制作休闲夹克、裤子、背心、马甲等。

防水面料

防水面料是通过加热固化使防水涂层液体黏附在面料表面上而得到的防水面料。

面料特点:手感硬挺挺括,有镜面光泽感,具有防水功能。

应用:几乎只用于外套类服装,如雨衣、滑雪服、登山服等户外服装,也可用于鞋靴。

远红外保温保健面料

远红外保温保健面料可通过远红外线微能辐射体混合溶液纺丝或后整理的方式得到。

面料特点:面料轻薄,具有保温作用,甚至具有促进人体微循环、解除疲劳等保健作用。

应用:通常用于制作具有远红外线功能的内衣、袜子、被单等。

薄膜面料

薄膜面料是一种通常由塑料生产制作而成的面料,可与网格、经编针织物复合以完善功能。

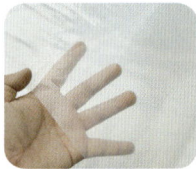

面料特点:有着类似塑料材质的硬挺手感,防水、防渗透。

应用:多应用于制作手提包、鞋靴、夹克、雨具等。

金属织物

金属织物是用极细的金属单丝与纱线交织,或通过涂层等方法来得到金属光泽。

面料特点:表面具有流动感的金属光泽,但触感柔软。

应用:可用于设计表演服,也可用于制作救生衣、耐热耐火服等。

吸湿排汗内衣面料

吸湿排汗内衣面料是采用含纤维状蛋白质的纤维加工剂经特殊柔软加工而成的面料。

面料特点:吸湿、排汗性能优良,具有良好的润滑、保养肌肤的作用。

应用:通常用于制作内衣、运动背心、头巾等。

抗菌消臭功能面料

抗菌消臭功能面料可通过添加纳米级抗菌除臭剂于纤维中纺丝或后整理的方式得到。

面料特点:具有可抑制细菌滋生、病毒感染、消除人体异味的功能外,还可减轻瘙痒不适感,从而提升睡眠质量。

应用:一般用于制作内衣、外衣。

负离子多功能面料

负离子多功能面料是将负离子纤维与其他纤维混纺编织而成的具有高附加值的面料。

面料特点:面料除了具有抗菌的功能外,还可以一定程度地促进血液循环。

应用:常用于制作内衣、外衣、床上用品等。

防辐射功能面料

防辐射功能面料是一种天然材质防辐射布料，包括金属微丝网和天然材质面料，如全银纤维防辐射面料。

面料特点：透气性好，着色容易，易洗涤，可以防电磁波辐射、原子能射线辐射、X射线辐射等多种辐射。

应用：通常用于制作特殊防护服装，如医用防护服。

拒水拒油功能面料

拒水拒油功能面料是在织物表面纤维上均匀覆盖一层有拒水拒油分子组成新表面的面料。

面料特点：在有限润湿的前提下，具有一定的抗液体油污渗透的能力。

应用：通常用于制作专业劳动保护用品或雨衣、雨帽等。

形状记忆纤维面料

形状记忆纤维面料普遍由镍钛合金纤维加工成弹簧状后再加工成平面固定于纤维内形成。

面料特点：在热环境下能记忆外界赋予的初始形状，冷却时可以随意形变，再次加热时恢复成原始形状。

应用：一般用于制作特种服装、劳动保护服等。

安全反光面料

安全反光面料是利用高感性发光或反光材料与面料结合所形成的面料。

面料特点：不论日夜都可以显示出户外目标，起到提示作用，避免发生交通事故。

应用：常用于制作安全背心、帽子、鞋等。

热防护功能面料

热防护功能面料根据热源性质的不同采用不同的纤维材料与阻燃纤维结合加工制作而成。

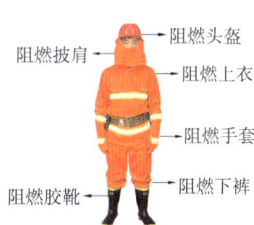

阻燃头盔
阻燃披肩
阻燃上衣
阻燃手套
阻燃下裤
阻燃胶靴

面料特点：具有绝缘性、遇热不收缩，能够防水防油，保护人体皮肤。

应用：可用于制作消防服、防护服、宇航服、婴儿服等。

光敏变色面料

光敏变色面料可根据外界的光照度、紫外线受光量的多少，来使色泽发生可逆性变化。

面料特点：在明暗变化的光线下，面料颜色发生明显变化，或浮现出各种表面花纹。

应用：常应用于制作儿童服装、滑雪服装、玩具面料、舞台装等。

耐高温面料

耐高温面料是应用芳香族聚酰胺纤维中的芳纶1313纤维形成的面料。

面料特点：耐高温性能突出，阻燃性好，耐化学药品性能强，耐辐射，耐老化。

应用：可用于制作飞行服、宇航服、消防服、阻燃服等。

防紫外线功能面料

防紫外线功能面料可以通过在纺丝原液中加入紫外线屏蔽剂或吸收剂得到。

面料特点：在户外保护人体不受紫外线伤害。

应用：常应用于制作服装、帽子、遮阳伞、帐篷等。

高级服装面料示例

高级服装面料，是指纤维原材料上乘，纺织过程较为细致复杂，价格相对昂贵，质感高级或纹样稀有难得的服装面料。

法兰绒

法兰绒是由粗梳毛纱织造的、经过轻微拉绒整理具有毛绒效果的方平组织织物。

面料特点：织物质地均匀，有温暖手感，易于裁剪缝制，具有形状保持稳定性。

应用：常用于制作夹克、西装、冬季裙装、裤装等。

绒面革

绒面革是一种经过刷毛或起毛处理的具有天鹅绒纹理的奢华皮革面料。

面料特点：具有拉绒表面，易裁剪设计，质地柔软，柔韧性好。

应用：常用于定制夹克、短裙等服装，还可制作手套、小配件等。

马尾衬

马尾衬是一种使用马毛、羊毛和其他纤维混纺制成的硬挺面料。

面料特点：手感硬挺不易软化，弹性大，易透气，不易缩水。

应用：一般作为衬料用于高品质的西装制作中。

双绉

双绉是一种以桑蚕丝为原料，采用特殊织物结构经精练整理后有起绉表面的薄型绉类丝织物。

面料特点：表面有褶皱，具有光泽感，手感柔软、轻薄，具有良好的缝纫性能。

应用：常用于制作衬衫、裙装、晚礼服等服装。

斜纹软缎

斜纹软缎是一种通常采用复合长丝织造的具有光泽感的斜纹机织结构织物。

面料特点：具有精细的斜纹表面，轻薄不透明，手感柔软，褶皱效果好。

应用：通常用来制作内衣或者衬料，非常适合制作服装配饰，如领带、丝巾等。

绉缎

绉缎是一种缎纹组织交织的丝织物，通常纬纱为强捻纱。

面料特点：织物一面有光泽，另一面无光泽，手感柔软，具有良好悬垂性，价格昂贵。

应用：适用于制作品质考究、风格优雅的裙装、套装等服装。

羊毛绉绸

羊毛绉绸多是以强捻羊毛纱线为原料的花岗岩纹织物。

面料特点：具有凹凸不平的表面纹理，有很好的悬垂性和重量感，价格较贵。

应用：通常用于制作长裤、半身裙、连衣裙等。

天鹅绒

天鹅绒，又称漳绒，是一种以绒经在织物表面构成绒圈或绒毛的丝织物。

面料特点：外观华丽，织物蓬松，手感柔软，不易起球。

应用：通常用于制作成衣、礼服、睡衣，有时可用于制作毛巾和玩具。

蝉翼纱

蝉翼纱是一种多用棉纤维或棉涤混纺纤维纺纱制作而成的薄型面料。

面料特点：具有挺括的手感，表面暗淡，吸湿性好，耐用性较差。

应用：通常用于制作礼服、开衫、裙装等。

珠皮呢

珠皮呢是一种以结子线为原料的具有毛圈纹理的针织物。

面料特点：面料厚重具有蓬松的环状表面纹理，有丰富的花式效果，具有弹性。

应用：通常用于制作工作服、夹克、大衣等。

植毛绒

植毛绒通常由两种不同的纤维组成，一种用来做底布，另一种用特殊织机来做长的割绒。

面料特点：外观华丽有奢华感，手感柔软，褶裥悬垂效果极好。

应用：一般用于制作夹克、礼服、内衣、家居服、衬衫、裙子等。

厚重跳针织物

厚重跳针织物是一种通常采用缆索组织和平针组织的混纺针织面料。

面料特点：织物非常蓬松，保暖性好，可以有多种色纱的漂亮外观，具有良好的悬垂性，易钩丝。

应用：一般用于制作毛衣、夹克、外套等。

1.5 高级服装面料

全绣花面料

全绣花面料是在织造紧密且表面未经肌理处理的面料上进行刺绣精整而成的面料。

面料特点：具有均衡协调的绣花图案，绣花图案耐洗、易着色且保形性好。

应用：可用于制作婴幼儿服装、内衣、睡衣、衬衫、裙装、家居服等。

透明硬纱

透明硬纱是一种使用高支复丝纱制成的轻质面料。

面料特点：面料轻薄有光泽，表面有时会闪光，手感硬挺。

应用：常应用于制作衬衫、正装、边饰细节等。

菲尔绸

菲尔绸是以复合丝为经纱，数根较粗的纬纱为一组交织而成的具有明显棱纹的面料。

面料特点：具有明显的十字棱纹，富有光泽感，面料挺括，易起皱。

应用：一般用于制作裙装、西装套装等。

婚服缎

婚服缎是一种通常采用复合长丝纱线为原料织造的织物密度大、浮线短的面料。

面料特点：织物表面有短纤维羽毛感，手感柔软，光泽持久，保形性好，易起皱。

应用：是理想的婚礼服和其他正式裙装的理想面料，也可制作夹克等。

平绒

平绒是一种通常以棉或棉混纺纱线为原料织造并经过割绒整理的具有绒毛表面的织物。

面料特点：织物具有奢华平整的割绒表面，面料结实，表面不耐磨，易获得，造价高。

应用：常用于制作夹克、半裙、连衣裙、裤子等。

乔其纱

乔其纱又称单面乔其纱，以经过起皱加捻处理的纱线为原料进行织造的面料。

面料特点：面料透明轻薄，具有弹性，较雪纺粗糙，易产生褶皱，但起皱可以使织物更好地贴合人体。

应用：常用于制作正式场合的礼服、衬衫等。

巴厘纱

巴厘纱又称玻璃纱，是用纯棉、涤棉原料的平纹组织织制的短纤维织物。

面料特点：面料轻薄透明，具有良好的起皱性能，能够形成褶裥，手感柔软。

应用：通常用于制作衬衫、裙装、头巾等。

绳绒线

绳绒线又称雪尼尔布，是一种以割绒纱线织成的经过耐磨整理的起绒面料。

面料特点：面料手感柔软，具有奢华的割绒外观，针织工艺可以赋予其一定的弹力。

应用：通常用于制作沙发套、床罩、床毯、台毯、地毯等室内装饰饰品。

常用人造毛皮

常用人造毛皮是用纱线制作的与毛皮外观一致的仿毛皮面料。

面料特点：正面看上去与真毛皮无异，具有颜色均匀的图案外观，手感柔软，易于缝制。

应用：可以用于制作大衣、夹克，或者领子、袖口的饰边。

外来人造毛皮

外来人造毛皮是拥有稀有的，甚至从未在自然界出现的色彩和印花外观的仿毛皮面料。

面料特点：具有富有创意性的漂亮毛皮表层，柔软有弹性，对裁剪和缝制技术的要求高。

应用：可以用于制作大衣、马甲，或者服装饰边。

弹性网状物

弹性网状物是一种以混纺纤维织造的具有弹力的拉歇尔经编针织物。

面料特点：具有流线型的网状外观，手感挺括，保形性好，质量轻，弹性好，但价格贵。

应用：常用于制作内衣、紧身胸衣等紧贴身体的衣物。

哔叽

哔叽常被称作针条纹，是一种用精梳毛纱织制的素色斜纹毛织物。

面料特点：具有细致的斜纹表面，织物紧密结实，易于裁剪缝制，但价格昂贵。

应用：多应用于西服套装、裙子、裤子等商业服装中。

第2章　服装制板工艺

纸样绘制线条画法

名称	形式	宽度（单位：mm）	用途
粗实线	——————————	0.9	服装和零部件轮廓线、部位轮廓线
细实线	———————	0.3	图样结构的基本线、尺寸线和尺寸界线、引出线等
粗虚线	▬ ▬ ▬ ▬ ▬ ▬	0.9	背面轮廓影示线
细虚线	– – – – – –	0.3	缝纫明线
点划线	– · — · — · – –	0.3	双折线
双点划线	– ·· — ·· — ·· –	0.3	折转线

纸样绘制常用符号

名称	形式	用途
特殊放缝	△———— 2	与一般缝份不同的缝份量
拉链	⫯	装拉链的部位
阴褶	凵乚	裥底在下的褶裥
明褶	乚凵	裥底在上的褶裥
等量号	○ △ □	两者相等量
等分线	⌢⌢	将线段等比例划分
直角	⌐	两者成垂直状态
重叠	✳	两者相互重叠

名称	形式	用途
经向		用箭头直线表示布料的经纱方向
斜料		用斜线表示布料的斜丝缕
顺向		表示褶裥、省道、覆势等折倒方向（纱尾的布料在线头的布料之上）
缩缝		用于布料缝合时收缩
纽眼		两短线间距离表示纽眼大小
钉扣		表示钉扣的位置
省道		将某部位缝去
钻眼位置		表示裁剪时需钻眼的位置
单向褶裥		表示顺向褶裥自高向低的折倒方向
对合褶裥		表示对合褶裥自高向低的折倒方向
褶裥的省道		斜向表示省道的折倒方向
归拢		将某部位归拢变形
拔开		将某部位拉展变形
按扣		两者呈凹凸状且用弹簧加以固定
开省		省道的部位需剪去
拼合		表示相关布料拼合一致

图解服装概论

平面制板：原型法

原型板

原型法于20世纪80年代初由日本引入中国。原型法操作灵活、直观，几乎传遍了国内高等院校的服装结构设计课堂。

原型法是指以人体参考尺寸为依据，加上适度的松量制作出的一个服装平面结构的基本型，是制作各种服装结构纸样的基础。通过对原型的运用，可以进行各种服装结构纸样的制作及原理设计与变化。

服装原型根据性别、年龄的不同可分为女装原型、男装原型、童装原型等；根据人体不同部位，又分为上衣原型、袖子原型和下装（裙子与裤子）原型。

女上装原型板（衣身）

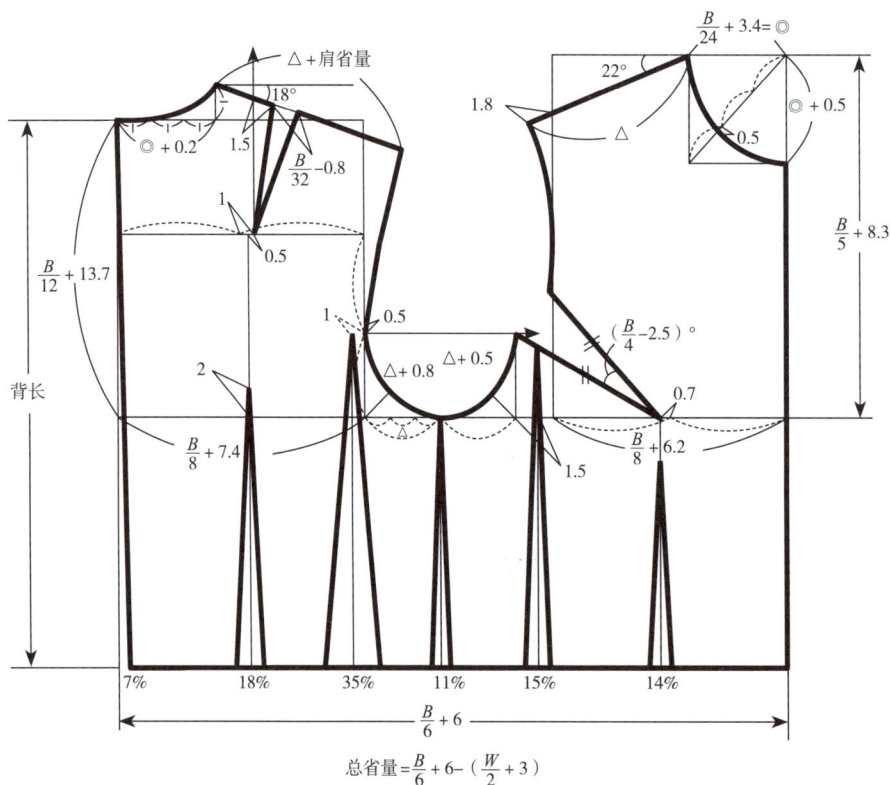

$$\triangle + 肩省量$$

$$\frac{B}{24} + 3.4 = ◎$$

$$18°$$

$$22°$$

$$◎ + 0.2$$

$$1.5$$

$$\frac{B}{32} - 0.8$$

$$1.8$$

$$\triangle$$

$$◎ + 0.5$$

$$0.5$$

$$1$$

$$0.5$$

$$\frac{B}{12} + 13.7$$

$$\frac{B}{5} + 8.3$$

背长

$$1 \quad 0.5$$

$$\left(\frac{B}{4} - 2.5 \right)°$$

$$2$$

$$\triangle + 0.8 \quad \triangle + 0.5$$

$$0.7$$

$$\frac{B}{8} + 7.4$$

$$\triangle$$

$$1.5$$

$$\frac{B}{8} + 6.2$$

$$7\% \quad 18\% \quad 35\% \quad 11\% \quad 15\% \quad 14\%$$

$$\frac{B}{6} + 6$$

$$总省量 = \frac{B}{6} + 6 - \left(\frac{W}{2} + 3 \right)$$

2.1　纸样设计方法与工具 〉 2.1.2　纸样设计方法

女上装原型板（袖子）

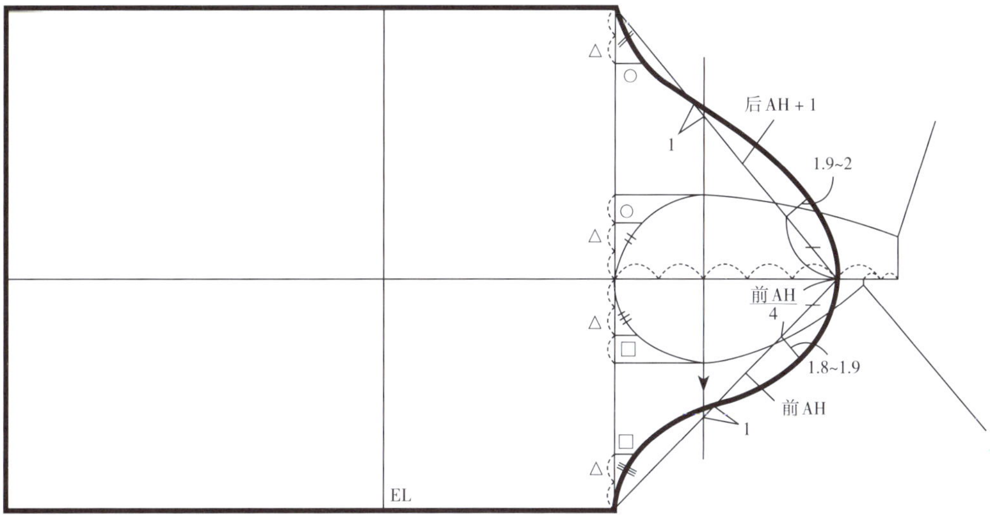

后 AH + 1

1

1.9~2

$\dfrac{前 AH}{4}$

1.8~1.9

前 AH

1

EL

男上装原型板（衣身）

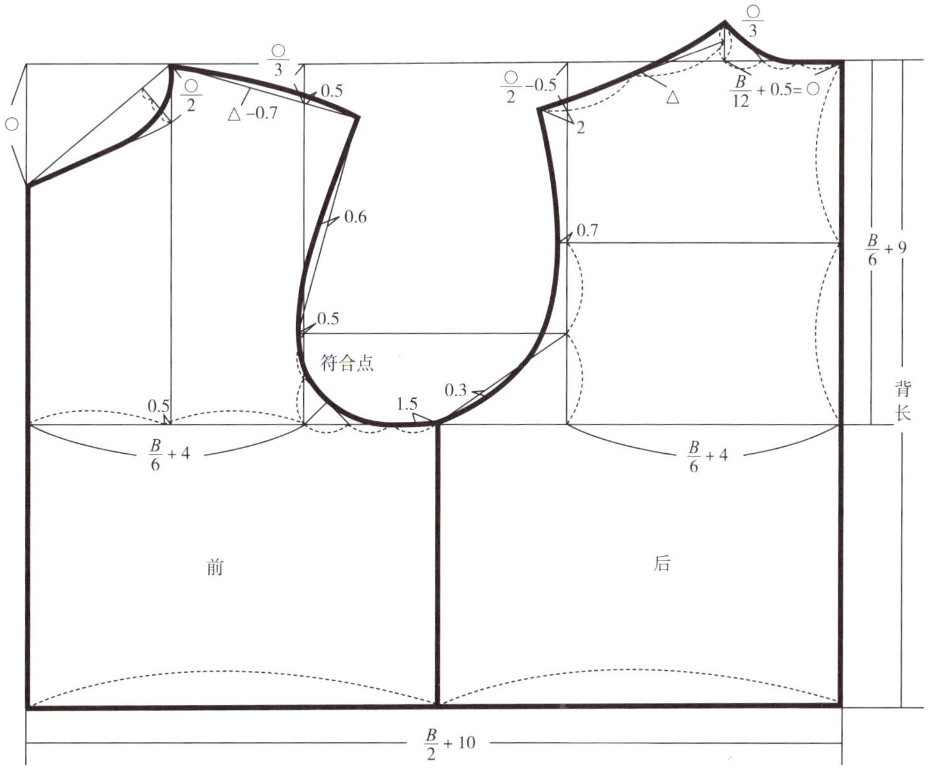

$\dfrac{○}{3}$

$\dfrac{○}{3}$

$\dfrac{○}{2}$

0.5

$\dfrac{○}{2} - 0.5$

$\dfrac{B}{12} + 0.5 = ○$

△ -0.7

2

△

0.6

0.7

0.5

$\dfrac{B}{6} + 9$

符合点

0.5

1.5

0.3

$\dfrac{B}{6} + 4$

$\dfrac{B}{6} + 4$

背长

前

后

$\dfrac{B}{2} + 10$

2.1 纸样设计方法与工具 〉 2.1.2 纸样设计方法

男上装原型板（袖子）

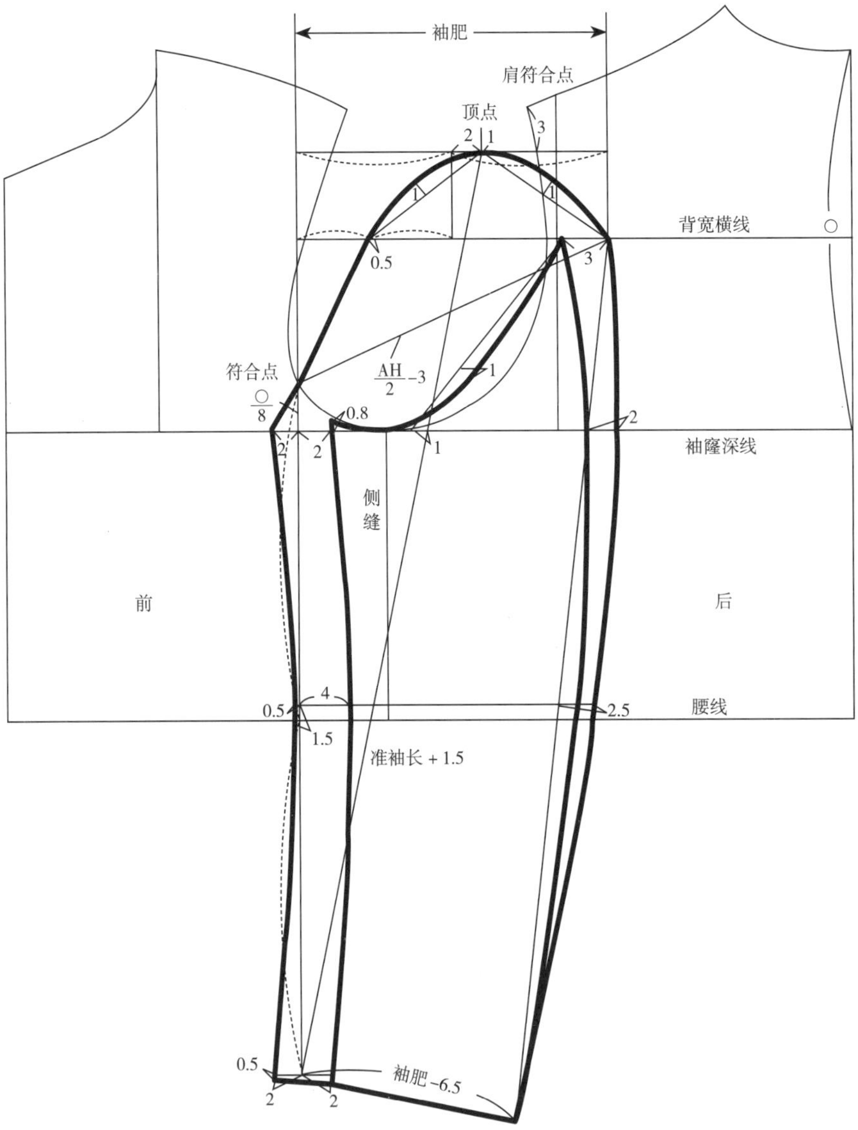

袖肥

肩符合点

顶点

2 | 1

3

背宽横线 ○

0.5

符合点

○/8

$\frac{AH}{2}$ −3

1

0.8

袖窿深线

2

2

1

2

侧缝

前

后

4

0.5

2.5 腰线

1.5

准袖长 + 1.5

0.5

袖肥 −6.5

2 2

儿童上装原型板（衣身）

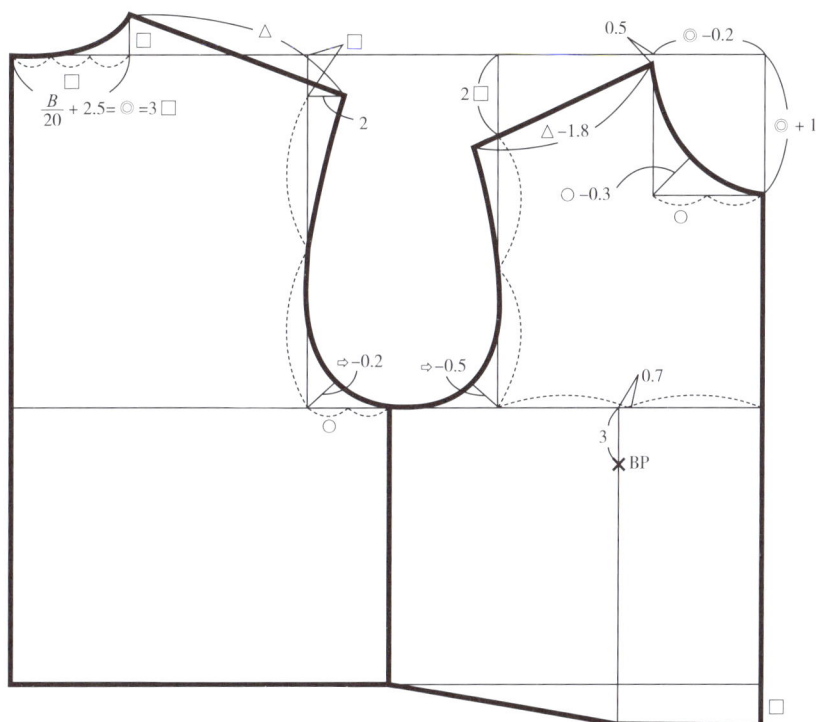

$\frac{B}{20} + 2.5 = ◎ = 3 \square$

0.5　◎ −0.2

2 □

△ −1.8

◎ +1

○ −0.3

○

2

⇨ −0.2　⇨ −0.5

○

0.7

3

✕ BP

□

儿童上装原型板（袖子）

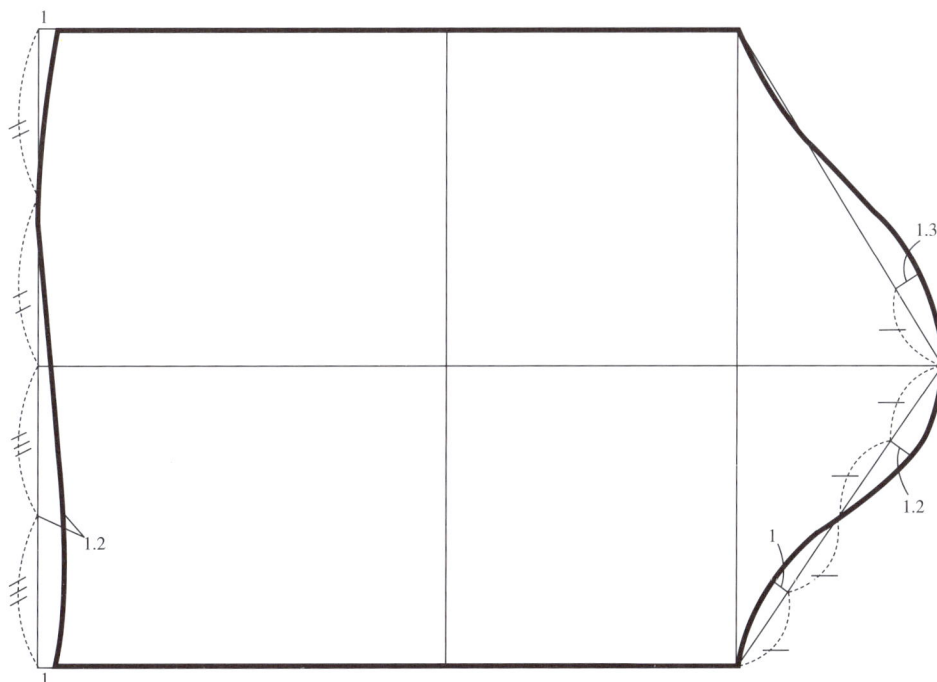

1

1.3

1.2

1

1.2

1

2.1　纸样设计方法与工具　>　2.1.2　纸样设计方法

下装原型板（裙子）

下装原型板（裤子）

平面制板：比例法

比例法基本型

　　传统的比例法裁剪是一种比较大众化的服装裁剪方法，具有简单、灵活、快速的优点。只要记住一些代表品种各部位的比例公式，就能直接进行制图，不需要太多的立体思维，一步到位。但是，它也存在着诸多缺点，如对经验的依赖很强，在精确程度方面以及女装制板结构设计的灵活性方面不足。

四开身女上装基本型

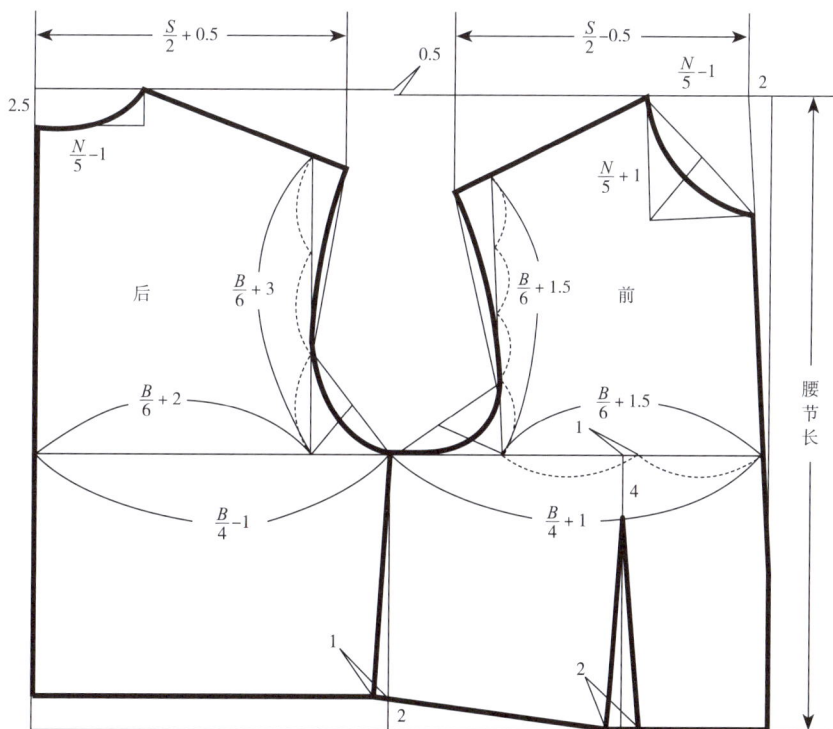

四开身男上装基本型

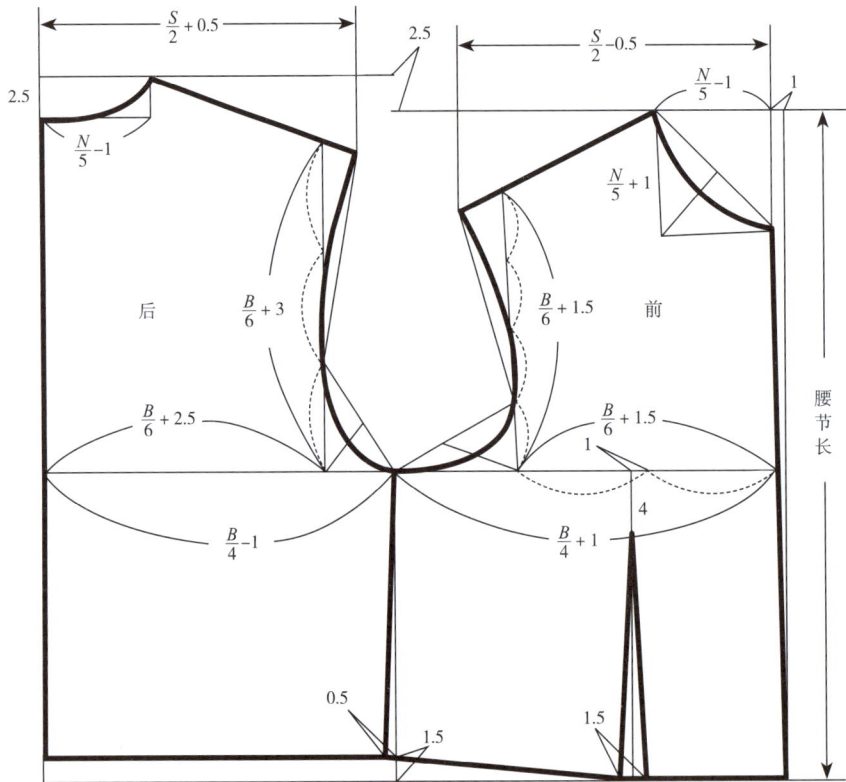

三开身女上装基本型

三开身男上装基本型

立体裁剪

立体裁剪的定义

立体裁剪是相对于平面裁剪而言的一种服装造型手法，常使用白坯布（有轻薄、中厚、厚之分）直接覆盖在人体或人体模型上，借用大头针、剪刀等工具进行服装款式造型设计，同时取得服装样板的一种技术。在注重布料的经纬纱的同时，靠视觉与感觉塑造出服装形状，可以边设计边裁剪，是直观地完成服装结构设计，且行之有效的裁剪方法，同时也是服装设计师表现灵感的技术手段。

立体裁剪的特点

直观性	立体裁剪具有造型直观、准确的特点，是由立体裁剪方式决定的。无论服装款式造型如何，通过将布披覆到人体模型上操作，布在人体模型上呈现的空间形态、结构特点、服装廓型便会直接、清楚地展现在面前。立体裁剪是最直接、最简便的裁剪手段。
实用性	立体裁剪不仅适用于结构简单的普通服装，也适用于款式多变的时装；是一种不需要公式、不受任何数字束缚，按人体体型、人体模型的实际需要来"调剂余缺"，达到成型效果。
适应性	立体裁剪不但适合初学者，也适合专业设计与技术人员的技能提高。对于初学者，即使不会量体，不懂计算公式，如果掌握立体裁剪的操作程序和基本要领，便能裁剪衣服；专业设计与技术人员想设计、创造成衣作品，更应该学习和掌握立体裁剪技术。
灵活性	掌握立体裁剪的基本要领后，可以边设计、边裁剪、边修改。随时观察效果，及时纠正，直至达到满意效果。
易学性	立体裁剪是以实践为主的技术，主要依照人体模型进行设计与操作，没有精深的理论，更没有繁杂的计算公式，是一种简单易学、快捷有效的裁剪方法。

平面纸样绘制常用工具

尺

尺是服装制图的必备工具，它在绘制直线、斜线、弧线、角度，测量人体与服装，核对制图规格等方面都要用到。

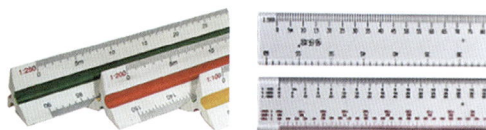

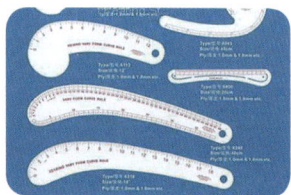

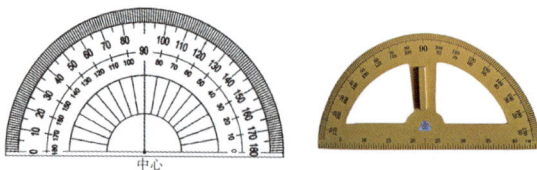

直尺	角尺
直尺是服装制图的基本工具，其长度有20cm、50cm、100cm等，材质上有钢质的、塑料的、木质的、竹的、有机玻璃的等。	角尺也是服装制图的常用工具，包括三角直尺和角尺，两边成90°或根据需要自定角度。
软尺	**比例尺**
软尺一般为测体或量服装成品尺寸所用。	比例尺一般用于按一定的比例作图的测量工具。尺形为三棱形，有三个尺面，六个尺边，即六个不同比例的刻度供选用。平时在笔记本上做笔记时一般为按一定比例缩小的结构图，工业裁剪用的结构比例则为1∶1。
弯尺	**量角器**
画袖子侧缝线、衣片侧缝线等相对弧度不是很大的线条也可选用两侧成弧线状的弯尺。	量角器是用来测量角度的器具，通常使用半圆形量角器。

曲线板

30cm

25cm

20cm

曲线板主要用于服装制图中的弧线绘制。袖窿弧线、袖山弧线、裤裆弧线等部位曲率较大，选用的曲线板的边缘曲线的曲率也要大。

点线器

通过推动点线器，轮齿可以在绘图纸上留下点状痕迹，做暂时性标记用。在绘制口袋、袋布、小袖等内部结构时，也可通过将整体结构图置于上面，下面再放置一张绘图纸，通过推动点线器，在上、下两层绘图纸上留下相同的点状痕迹来绘制内部衣片结构。

绘图铅笔

绘图铅笔是直接用于绘制服装结构图的工具。绘图铅笔的笔芯有软硬之分，一般以标号 HB 为中性。B~6B 逐渐变软，颜色越来越黑，也易脏污；H~6H 逐渐变硬，颜色也越浅淡，但画线不易涂改。一般画基础线、辅助线等用硬笔，画轮廓线等用软笔。

橡皮

橡皮与绘图铅笔相对应，也有软硬之分，常用的 4B、6B 橡皮较软，更容易将线条擦除。

打板纸

牛皮纸/牛卡纸 　　　手工制板 CAD 制板

宜选用质地坚实、纸面光洁、无折缝、橡皮擦拭时不易起毛、上墨不渗的纸张类型，如牛皮纸、白卡纸等。

剪刀

剪刀用于裁剪纸样及纸样边缘做记号等使用。一般有 24cm、28cm 和 30cm 等几种规格。

立体裁剪常用工具

人体模型

珠针

人体模型是人体的替代物，是立体裁剪最主要工具之一。其规格尺寸都应基本符合真实人体的各种要素，人体模型的标准比例是否准确，将直接影响立体裁剪中服装成品的质量。

立体裁剪用的针有两种，一是珠针，二是形似大头针的针，但比大头针细长。此两种针的针尖，易插入布料与人体模型，是立体裁剪操作过程中的重要工具之一，充当着缝纫针与线的功能。而珠针头较大，插到密集处会妨碍操作，此时最好采用无珠的针。

针插

为了插针，针插常被挂在手腕上使用，以防针散落扎伤人。针包一般采用丝绒、绸缎等缝制为佳，内填充腈纶棉等。

划粉

在人体模型做好造型后，划粉可用于在布上做标记，或用2B铅笔、记号笔。

电熨斗

电熨斗是裁剪缝制时不可缺少的工具，选用蒸汽熨斗为佳，须保持熨斗底面干净。

烫墩与烫臂

烫墩主要用于熨烫袖山、袖笼、省尖等。烫臂一般长49cm，宽5~9cm，主要用于熨烫袖缝。

手臂模型

手臂模型一般为自制，是立体裁剪袖片的必备工具。

尺、剪刀、铅笔、点线器

功能同平面法中的尺、剪刀、铅笔、点线器。

裁剪流程

裁剪流程图

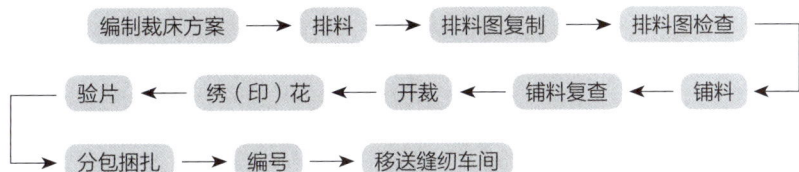

编制裁床方案 ⟶ 排料 ⟶ 排料图复制 ⟶ 排料图检查

验片 ⟵ 绣（印）花 ⟵ 开裁 ⟵ 铺料复查 ⟵ 铺料

分包捆扎 ⟶ 编号 ⟶ 移送缝纫车间

编制裁床方案

　　裁床方案也称裁床分配方案。每一张订单都有一个订货总数，总数又分若干个号型，各号型的数量之和构成订货总数。一般来讲，由于各号型的数量不同，不可能一次裁完，需要通过合理地安排，分配到若干裁床才能完成裁剪任务，这样的分配方案即裁床方案。考虑的因素包括件数、号型数、裁床长度、颜色、面料厚度、裁刀等。

裁床方案案例

订单裁床分配	码号	37	38	39	40	41	层数	
	订货数（件）	250	500	750	750	250		方案一：第一床、第二床的裁床长度需满足8件服装同时排料；裁剪床数3床，较适中。
第一床	配比	1	2	2	2	1	150层	
第二床	配比	1	2	2	2	1	100层	
第三床	配比			2	2		125层	

订单裁床分配	码号	37	38	39	40	41	层数	
	订货数（件）	250	500	750	750	250		方案二：相对于方案一，裁床长度需满足10件服装排料，对裁床长度要求更高；排料长，面料利用率较大，增加拉布难度，对弹性面料不适合；裁剪床数较少。
第一床	配比	1	2	3	3	1	150层	
第二床	配比	1	2	3	3	1	100层	

订单裁床分配	码号	37	38	39	40	41	层数	
	订货数（件）	250	500	750	750	250		方案三：适合裁床长度较有限、面料不宜拉太长的生产条件；裁剪床数为5，工作量较大。
第一床	配比	1	1	1	1	1	150层	
第二床	配比	1	1	1	1	1	100层	
第三床	配比		1	1	1		150层	
第四床	配比		1	1	1		100层	
第五床	配比			2	2		125层	

2.2 裁剪方法与设备 > 2.2.1 裁剪方法

排料

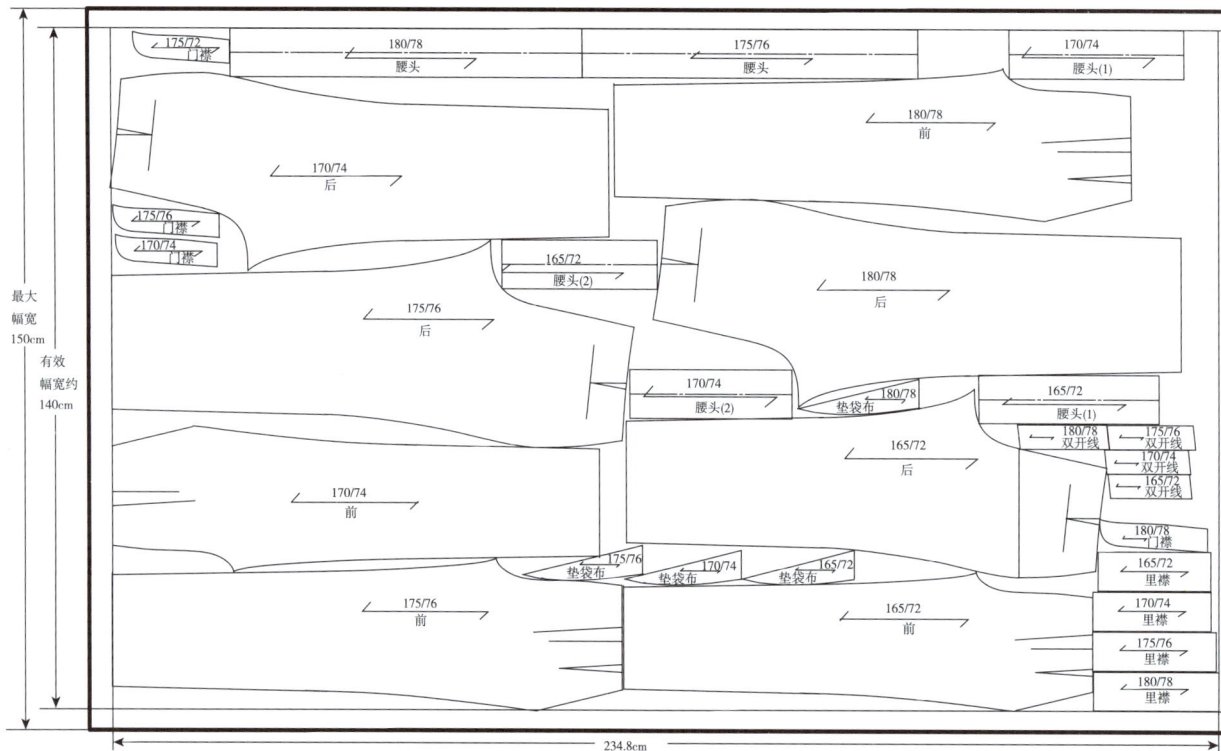

排料技术要领和质量要求

① 首先检查面料的门幅，并取出所需款号和号型的样板。

② 两边按幅宽留出2cm余量，再划出排料图的宽度。

③ 按照裁床方案，从第一床开始进行排料作业直到最后一床。

④ 排料一般遵循先排大裁片、后排小裁片的原则，尽量把小裁片放在大裁片的空隙里。

⑤ 本着紧密排料、节约用料的原则，按先初排、后复排定稿的程序排出最佳效果。

⑥ 严格按照工艺单上的经纬纱向倾斜规定排料。

⑦ 排料时，注意面料正反一致和衣片的对称，以避免出现裁片的"一顺"现象。

⑧ 排料时要使排料图的两头呈平齐状态，不允许有凹凸现象。

⑨ 在排料图上的每一片裁片上应标明款号、号型、裁片号、件号及对条对格等。

⑩ 在纸上画样的铅笔线条粗细不得超过1mm。

排料原则

先长后短	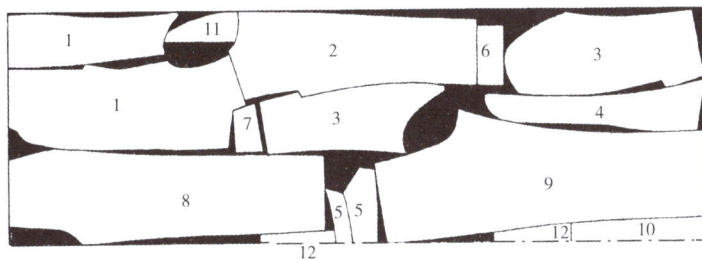
先大后小	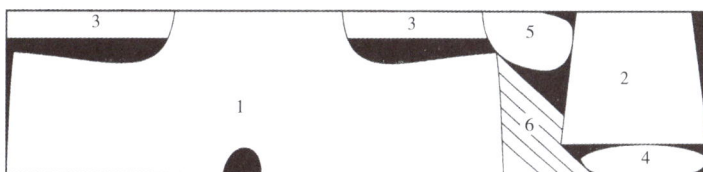
先主后次	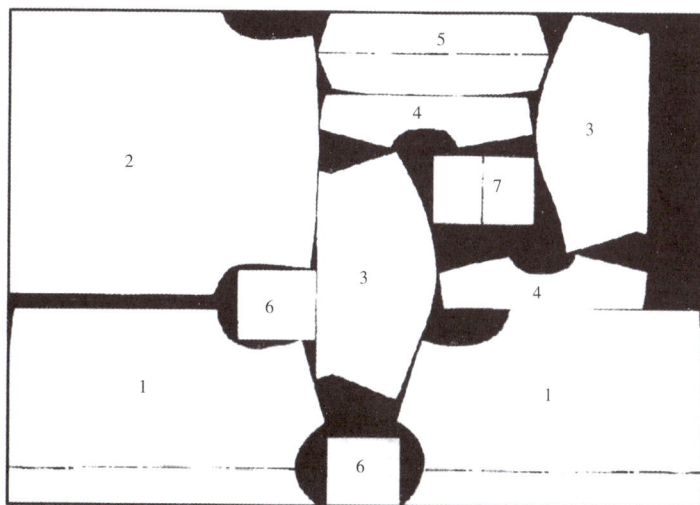

2.2 裁剪方法与设备 › 2.2.1 裁剪方法

排料原则

见缝插针—— 凹对凸	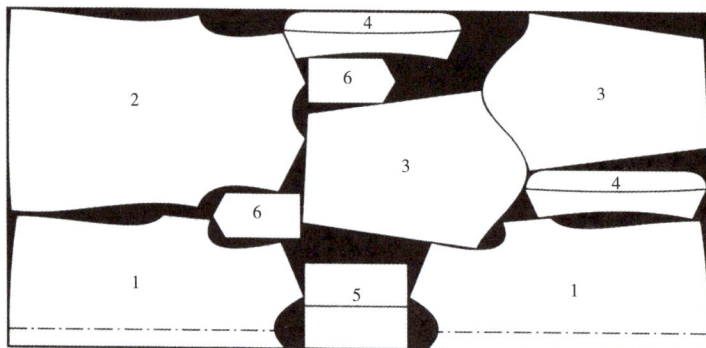
见缝插针—— 斜对斜	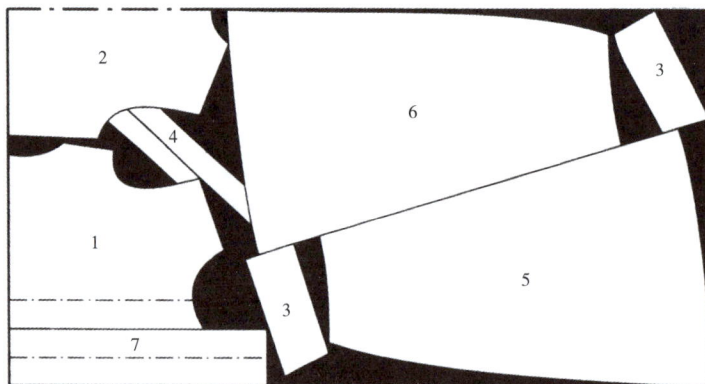
见缝插针—— 平对平	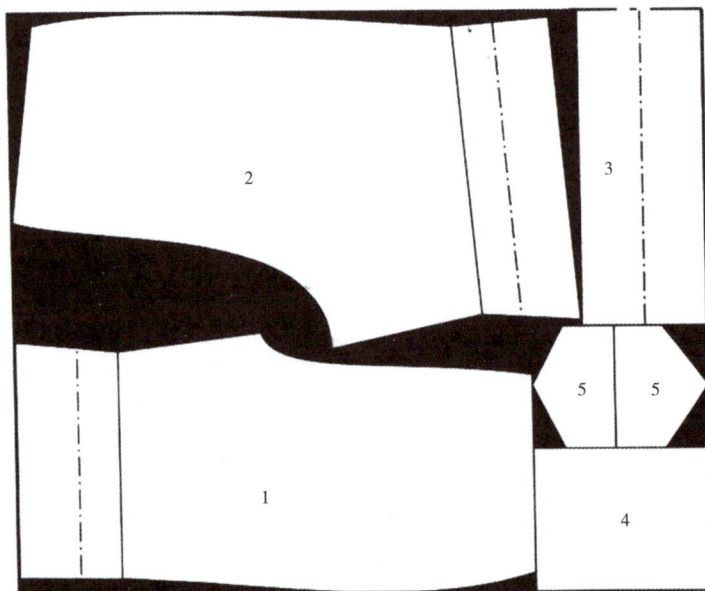

铺料

铺料技术要领与质量要求

①严格按裁床方案、排料划样图和铺料通知单安排层数和长度。

②对条、对格的面料必须用定位针层层对齐。

③发现个别布疵要贴好缺陷标志，疵点多而集中的布料需剔除。

④铺料时必须做到"四齐一平"。

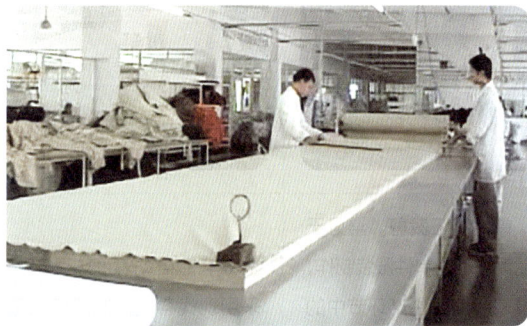

铺料方法

① 单面同向铺料法。

布面层层向上或布面层层向下，而毛向层层相同的铺料方法。

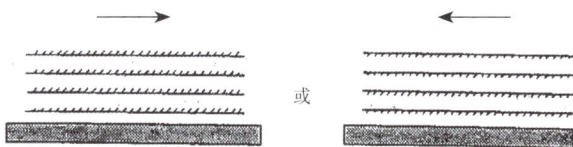

② 单面双向铺料法。

布面层层向上或布面层层向下，而毛向层层相反的铺料方法。

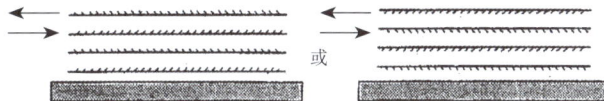

③ 合面同向铺料法。

布面相合、毛向相同的铺料方法。

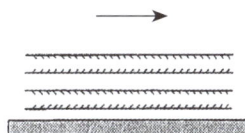

④ 合面双向铺料法。

布面相合、毛向相反的铺料方法。

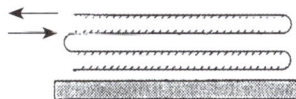

⑤ 双幅料铺料法。

对门幅很宽的布料往往采取从布幅中间对折再进行铺料的方法，人们称为双幅料铺料或对折铺料。同合面同向与合面双向铺料法一样，可以防止"一顺"现象，有利于对条、对格。缺点是会增加床数，延长裁剪时间。

裁剪工艺

裁剪方式一：单件裁	裁剪方式二：批量多层裁

单件手工裁剪，常见于早期裁缝店的单件服装制作，以及现代加工生产环节中的样衣加工和款式常变的时装及量身定制服装的裁剪。	单件自动裁剪机裁剪，采用现代科技控制的自动裁剪，省时省力，精确度高。	一般工厂批量生产，铺布层数多为几十层或上百层，具体依裁剪方案设置。

裁剪技术要领与质量要求

①把铺好的布料用铁饼压紧，两边用铁夹夹牢，使之作业时不会移动。

②裁剪时，应右手握刀扶正裁机，左手压住布面（不能压得太紧）。

③先横进刀，后竖进刀，弧度太弯应从两头进刀。

④先外口、后里口，先小片、后大片，逐段裁剪，逐段取料。

⑤保持裁刀垂直于裁床，以免上、下衣片产生误差。

⑥打定位时，刀口位置要准确，刀口深不超过3mm。

⑦保持裁刀刀刃锋利，避免边沿起毛。

⑧裁完后要自检自查后交车间主任复查。

⑨检验合格后应填写裁剪日报表。

裁剪注意事项

①掌握正确的开裁顺序，即先横断、后直断，先外口、后里口，先零小料、后整大料，逐段开刀，逐段取料。

②掌握拐角的处理方法。凡衣片拐角处，应从角的两边分别进刀开裁，而不可以连续拐角裁，以保证精确裁剪。

③左手压扶材料，用力均匀柔和，不可倾斜，右手推刀轻松自如，快慢有序。

④裁剪时要保持裁刀垂直，以免各层衣片产生误差。

⑤保证裁刀始终锋利，刀刃不能有缺口，以保证裁片边缘光洁顺直。

⑥打刀口时定位要准，剪口不得超过3mm，标记须清晰持久。

⑦裁剪时要注意裁刀温度不可过高，特别是合成纤维，高温易产生衣片边缘变色、焦黄、粘连等现象，同时会引起刀片粘污。

裁片编号与分扎	分扎注意事项

①同件衣服的裁片必须来自同一层布。

②同扎裁片必须同一尺码。

③每扎裁片数量准确。

裁剪设备

排料设备：服装排料绘图仪

用于打印 CAD 排料软件中的排料图，根据使用耗材划分为笔式绘图仪和喷墨绘图仪两大类。

验料设备：验布机

验布机由荧光屏和日光灯组成，利用验布机可清楚发现正反布面上的纺织疵点。铺料前，抽取 1~2 卷布进行疵点检验。

铺料设备：裁床

裁床是用来排料、铺料、裁剪、编号等作业的长桌，有各种不同长度的规格，30m 的裁床是较长的一种，一般用于大型服装生产企业。

手工铺料机

手工铺料机结构较为简单，只是在裁床的一头夹一副架放布卷的支架，用于手工铺料。此设备简单实用，适用各种铺料法。

自动铺料机

除了有架布装置，还需要有动力移动装置和断布装置，只能进行单面同向和合面双向两种铺料法。由于价格昂贵，使用自动铺料机的服装生产企业较少。

裁剪设备：直刀裁剪机

直刀裁剪机是目前服装生产企业普遍使用的一种开裁机械，因为其使用方便，裁剪层数较多，适用于各种布料，俗称"万能裁剪机"。

圆刀裁剪机

圆刀裁剪机与直刀裁剪机相似，但刀片呈圆盘状，开裁时做旋转运动；推进时比较稳定，但裁剪厚度不大，适合小订单裁剪，也可用于大批量的尾床裁剪。

各式裁剪机

带刀台式裁剪机

带刀台式裁剪机是由1cm宽带状刀片在台式机上作循环运动，只可移动布料，不能移动刀片，一般用来裁剪衣片。工作原理类似木材加工中的电锯，可与直刀裁剪配合使用。

电脑裁剪机

电脑裁剪机是由电脑制板和电脑排料系统控制下的裁剪机，又称CAM系统，即电脑辅助系统。裁刀的移动由电脑程序控制，裁刀按电脑排料储存的记忆自动裁出排料的裁片。

激光裁剪机

激光裁剪机是一种利用激光发出的高强度、高集中的光束对布料进行裁剪的裁剪机械，它还可以和电脑结合，提高裁剪精度。其优点是：自动化、连续化、高速化，但裁剪的层数少，同时还会使裁片的边沿变色、热融，其技术还不成熟，有待改进。

悬臂裁剪机

悬臂裁剪机是将直刀裁剪机安装在可以自动移动的悬臂上，悬臂分为两节，可以做360°运动，它不仅可以使用最长的刀片进行大量裁剪，也可以使用窄刀。加之刀片的垂直性好，所以裁剪的布片圆顺、裁线精密、省时省力。

刀模冲压裁剪机

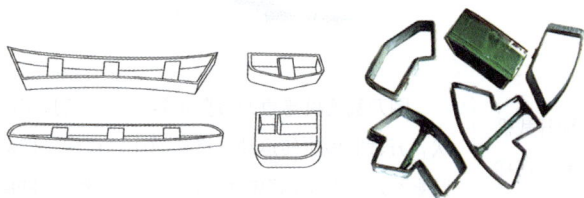

刀模冲压裁剪机模拟机械加工中的冲床原理，将衣片的形状制成刀模，装在冲床上，把布料叠成若干层，厚度1.5cm左右，利用冲压机巨大的压力，将布料冲裁成衣片。这种裁剪机只能用于固定不变的服装款式的裁剪，且只能裁小片，其裁剪的精度高、速度快，但使用范围很小。

缝制模式

缝制环节是服装生产企业最关键、最复杂的一环，它将平面的衣片组合成一件立体的成衣。缝制工艺工序多、机械多、人员多，容易出现的缝制缺陷也较多，这需要车间管理人员加强现场管理，严控工序质量。

服装缝制模式一：单件缝制

适用性	单件缝制是由单独一人完成整件服装的缝纫过程；适用于样衣加工和款式常变的时装及量身定制服装的生产。
优点	① 投资额低，工厂只需设置平缝机和工作台等少量设备。 ② 款式品种转换快，灵活性高，市场应变力强。 ③ 在制品数量低，交货期易控制，管理工作负荷轻。
缺点	① 厂方需雇佣高技术水平的工人，如果雇佣新手或技术不熟练的工人，需要经过长时间的培训。 ② 工人单独完成整件服装的缝制，生产效率低。 ③ 产品质量高低和工人的技能水平相关程度高，质量稳定性不理想。 ④ 工人的工资高，成衣的生产成本偏高。 ⑤ 特种或专用的设备和工具应用少，甚至不用，某些工艺要求特殊的服装不能加工或加工不好，如电脑绣花、多褶裥位加工、弹性面料的缝制等。

服装缝制模式二：分工缝制

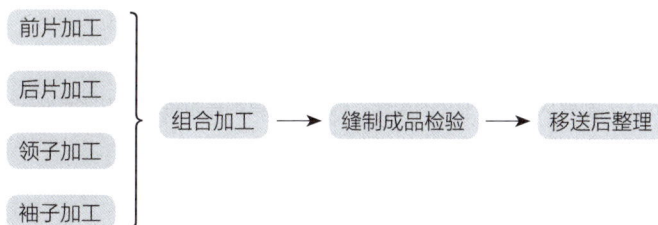

前片加工
后片加工
领子加工 ⎤
袖子加工 ⎦ → 组合加工 → 缝制成品检验 → 移送后整理

适用性	分工缝制是把整个制作过程按成衣惯用生产程序，分成若干个工序，每名工人只负责服装的某个部分的制作；适应于款式多而批量很少的成衣制作，前店后厂的服装公司普遍使用此法生产。
优点	① 高度灵活，容易适应款式的转换。 ② 整个作业分组进行，管理较容易。 ③ 生产线负荷平衡且容易控制。
缺点	① 很难达到设备和工具的高度专业化，生产效率偏低。 ② 生产需要的时间比单独整件生产的长，即生产周期较长。

2.3 缝制方法与设备 > 2.3.1 缝制方法

服装缝制模式三：精细分工生产

缝制工序人机排列图示例

组别：一组	客户号	款号：9825	款式：小童棉衣	件数：1500件	人数：30人	目标产量：230件/天	日期： 年 月 日

设备	平缝机	平缝机	平缝机	平缝机	平缝机	平缝机	平缝机	平缝机	平缝机	平缝机	平缝机	平缝机	平缝机	平缝机	锁边机	平缝机
姓名	***	**	***	***	***	***	**		***	***	**	**	***	**	**	***
工序名称	做袖盖修剪，上花边×4	袖盖车暗线×4	袖盖修剪×4，压袖盖0.1cm线×4	合帽棉暗线×2，放牵条×1，压帽面0.6cm线×2，合帽里×2	上帽毛、套帽里，定牵条，翻帽、固定帽脚	袋盖修剪、花边×2，袋盖暗线×2	袋盖翻修×2，压袋盖0.1cm线，封袋盖口（注意大小），上袋布	配货	上袋盖暗线×2，上下袋布直压0.1cm线×2，前袋完整、定袋盖×2	上袋盖暗线×2，上下袋布直压0.1cm线×2，前袋完整、定袋盖×2	拼前上段暗线×2，压上段0.6cm线×2，右边定贴布×1	拼后上段暗线×2，压后上段0.6cm线×2	固定大小袖盖×4，上袖口内贴布暗线×2	后下段绗棉，后上侧绗棉（小）×2，后上段绗棉（大），帽绗棉×3	四线合整件（左袖留洞）	定主标，车后贴布，车挂面×2
工序号	7-3-1	7-3-2	7-3-3，7-3-4	18-2，18-3，18-5	18-4，18-6，18-7	6-2-3，6-2-4	6-2-5，6-2-6，6-2-7		6-3，6-4，6-5	6-3，6-4，6-5	6-8，6-9，6-10	4，5	7-3，7-4	1，2，3，18-1	20-4	20-1，20-2，20-3
车位号	26	25	24	23	22	21	20	19	18	17	16	15	14			
品检 车位号	1	2	3	4	5	6	7	8	9	10	11	12	13			

说明：人机排列图需要换款前一天填写好，并交给厂长签字确认无误，复印3份，2份交组长（1份悬挂看板）、1份交厂长，该人机排列图未确认好不得换款。

厂长：　　　　　　　　　　　　　组长：

适用性	每位工人都要从事更专业化的操作，机器和工具都是为特定的工序而设计的；工人操作的专业化程度较高；适用于大批量款式变化少的成衣加工。
优点	①机器的专业化程度高，生产效率高，产量大。 ②产品质量好、质量稳定。 ③生产成本低，重复的工序可以由不太熟练的工人担任。
缺点	①分工细致，需要更高的管理技巧。 ②应变能力降低，灵活性差。 ③生产线节拍性强，服装款式变换时，需重新调整设备和工人，否则生产线负荷不平衡，造成生产效率下降。 ④投资成本较高。 ⑤机器设备的利用率较前两种稍低。

缝制车间机台布局

缝制车间机台布局一：横列对排式机台布局

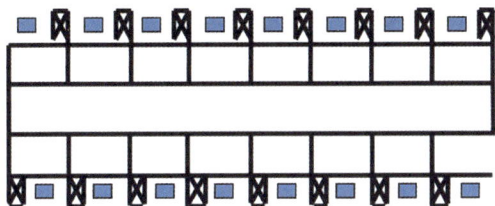

机台与机台两头相互连接，横向排成一列，两列相对称，中间用布料或木制材料做成一条半圆形的放置槽，宽为70~80cm，既可放置服装部件的半成品或成品，又可作为工序传送的工具。

缝制车间机台布局二：纵列课桌式机台布局

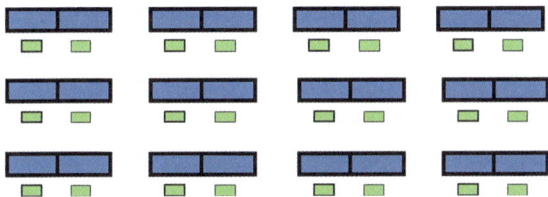

大多数缝制车间的机台布局采用纵列课桌式机台布局，此布局便于输送裁片，转移半成品和制成品，也便于质量管理，且适用于大、小流水作业，是目前大中型服装生产企业缝制车间普遍采用的一种机台布局。

缝制车间机台布局三：集团式机台布局

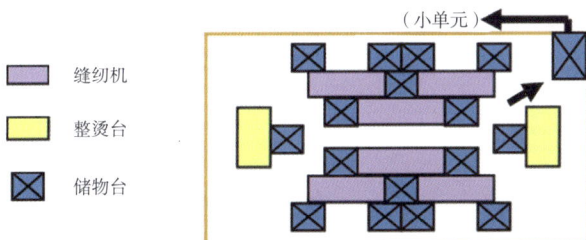

（小单元）

缝纫机
整烫台
储物台

把一个缝制车间的纵列课桌式机台布局，按成衣的几个主要部件将其分割成几个加工小组，每一个加工小组按大流水的精细工序，安排机台的数量、机种以及操作工，完成一个部件的制作。然后，把这些部件汇总到组合加工组，再进行组合加工，最后完成一整件成衣的制作。集团式机台布局适合大批量、固定款式的大流水作业。

缝制车间机台布局四：吊挂式机台布局

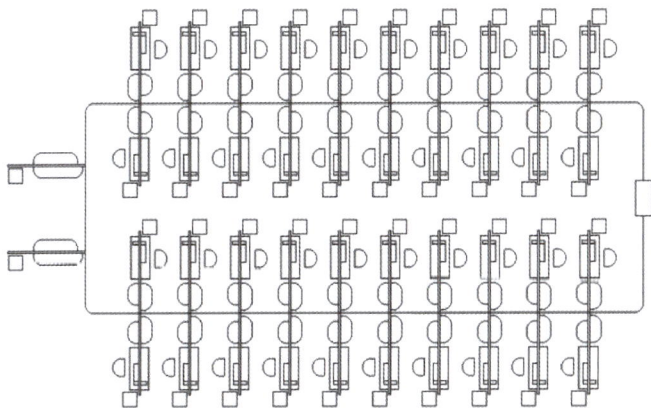

整条流水线系统从第一道工序到最后一道工序，按电脑编制好的程序，将裁好的衣片从这一道工序吊挂到下一道工序逐道加工。加工的设备，多是专业机械，作业精细而快速，而且自动化程度很高，可以克服员工技术水平低的限制。

2.3　缝制方法与设备 ＞ 2.3.1　缝制方法

缝制工序

缝制工序分析图

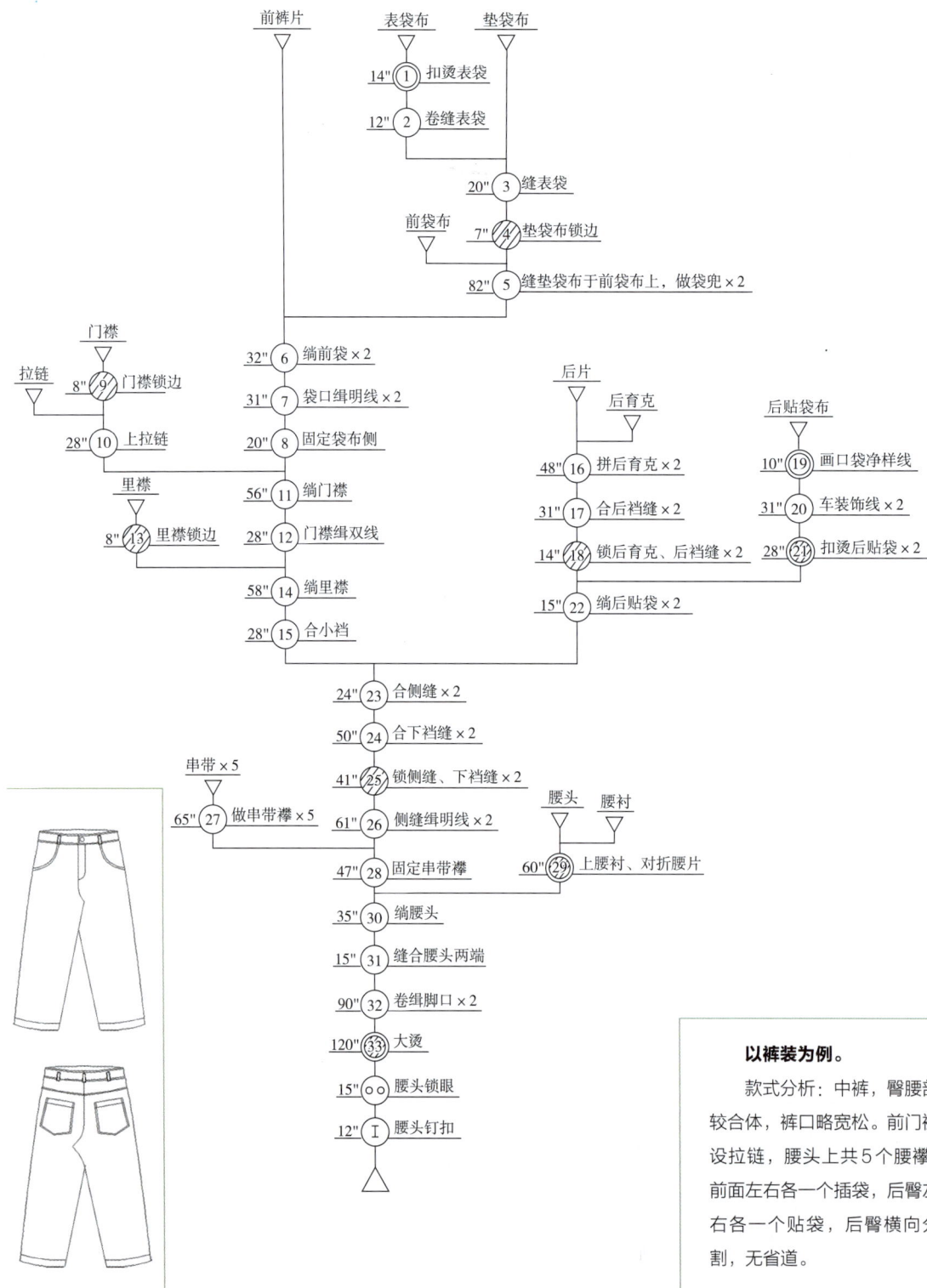

```
前裤片          表袋布      垫袋布
  ▽             ▽          ▽
                14" ①  扣烫表袋
                12" ②  卷缝表袋
                        20" ③  缝表袋
              前袋布      7" ④  垫袋布锁边
                ▽        82" ⑤  缝垫袋布于前袋布上，做袋兜×2

门襟
 ▽
拉链      门襟锁边
 ▽    8" ⑨    32" ⑥  绱前袋×2
   28" ⑩ 上拉链  31" ⑦  袋口缉明线×2                后片
                20" ⑧  固定袋布侧               ▽
里襟                                                后育克     后贴袋布
 ▽                                                  ▽          ▽
   8" ⑬ 里襟锁边  56" ⑪  绱门襟    48" ⑯  拼后育克×2   10" ⑲  画口袋净样线
                28" ⑫  门襟缉双线  31" ⑰  合后裆缝×2   31" ⑳  车装饰线×2
                58" ⑭  绱里襟      14" ⑱  锁后育克、后裆缝×2  28" ㉑ 扣烫后贴袋×2
                28" ⑮  合小裆      15" ㉒  绱后贴袋×2

                24" ㉓  合侧缝×2
                50" ㉔  合下裆缝×2
串带×5          41" ㉕  锁侧缝、下裆缝×2
  ▽                                          腰头    腰衬
65" ㉗ 做串带襻×5  61" ㉖  侧缝缉明线×2          ▽      ▽
                47" ㉘  固定串带襻      60" ㉙ 上腰衬、对折腰片
                35" ㉚  绱腰头
                15" ㉛  缝合腰头两端
                90" ㉜  卷缉脚口×2
                120" ㉝  大烫
                15" ∞  腰头锁眼
                12" I   腰头钉扣
                  ▽
```

以裤装为例。

款式分析：中裤，臀腰部较合体，裤口略宽松。前门襟设拉链，腰头上共5个腰襻。前面左右各一个插袋，后臀左右各一个贴袋，后臀横向分割，无省道。

各种缝制设备

平缝机

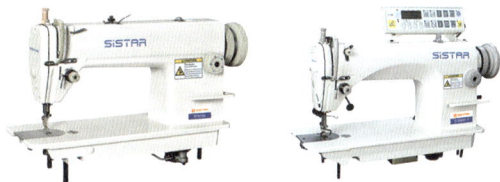

平缝机是普通服装生产企业缝制车间使用最多的缝制机械；在缝制工艺中，它几乎能完成全部的作业，所以被各大、中、小型服装生产企业广泛使用；分为普通型和电脑型。

包缝机

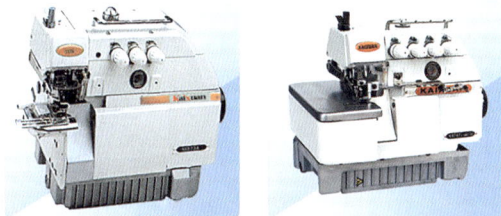

包缝机也称锁边机，分三线、四线、五线三种，它的作用是将衣片的边沿锁牢，以防泄纱。

双针同步机

电脑绱袖机

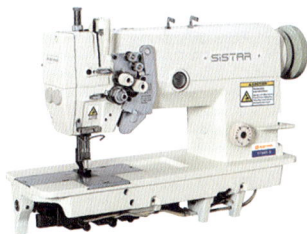

双针同步机专门用来缝制双线迹明缝，这种机械在专业衬衫厂用得最多。另外还有一种双针双链机，正面呈双虚线迹，反面呈双链式线迹，一般用于牛仔服装；其缝口牢固，适合缝制厚型布料。

电脑绱袖机由电脑控制，一般用于西服绱袖，它从袖山起点开始"吃势"工艺作业，一针一针逐步多"吃"，直至袖山顶点，使绱袖丰满、圆顺、无皱褶。

黏衬机

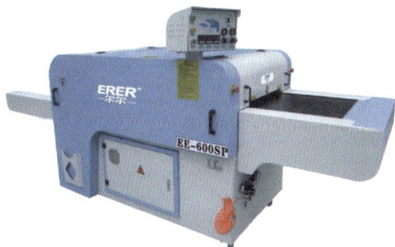

缝制工艺的第一道工序是将黏合衬贴在衣片的反面，使之平服挺括。黏合衬的一面涂有一层黏胶，为热熔黏合。黏衬机通过加热、加压的原理将黏合衬和裁片粘贴牢固。

电脑开袋机与电脑压袋机

　　双嵌线袋是平缝机最难做好的一道缝制工艺，而利用电脑开袋机和电脑压袋机两台设备就可以自动完成双嵌线袋的全部工艺作业，所缝制的袋口整齐、美观。

覆衬机

　　覆衬机专门用于西服覆胸衬、驳衬，其作业过程是将各种布衬放于西服前片反面的胸部和驳头处，然后通过该机作业，将衬布与面料连缝在一起，而正面看不到任何线迹。

埋夹机

　　埋夹机是一种能够自动将裁片缝头相互包裹的双针双链机，它主要用于缝制男衬衫袖底缝、摆缝和牛仔服装。

套结机

　　套结机也称打枣车或打结机，英文是Bartack，通常用来加固线迹，一般适合于牛仔服装、针织衫、毛衫、西服等生产使用。套结机起到加固服装受力部位、加固圆头纽孔缝尾等作用。

锁眼机（平头）

　　锁眼机是主要用于加工各类服饰中的纽孔，分为平头锁眼机（直眼机）和圆头锁眼机（凤眼机），是服装机械中非常重要的专用设备。

锁眼机（圆头）

　　圆头锁眼机适用于西装和牛仔裤纽扣孔，所谓"圆头"是指缝锁的纽孔前端呈圆形，其特点是纽孔形状美观，线迹均匀结实。其标准花形有31种，最大可以调成99样，是一种专用于缝锁中厚料服装纽孔的工业缝纫机。

钉扣机

钉扣机主要用于二孔或四孔的平纽扣的缝钉，若使用附加工具还可缝钉有脚纽扣以及其他特殊造型纽扣；适用于服装行业轻薄、中厚面料的钉扣作业。

敲扣机

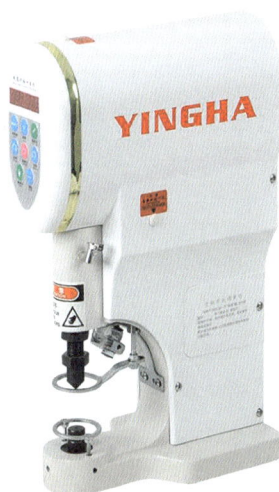

敲扣机适用于常见的各种四合扣。

模板缝纫机

模板缝纫机是指结合服装模板 CAD 软件、服装模板缝制 CAD 软件以及先进的数控技术进行全自动应用模板生产。该设备提升了生产效率和产品品质，降低了技术工人的技术要求，用自动化程度更高的电脑控制的机器代替原有的人工操作的缝纫机，降低对高技能人员的依赖程度，在保证品质的同时，解决了产业工人用工短缺与技能缺陷的问题，全自动化地完成服装缝制，促进服装模板工艺整理流水线化。

整烫工艺

整烫的要求

① 手工整烫必须使用蒸汽熨斗和吸风烫台。

② 整烫前要按款号、号型分类堆放并标识。

③ 按面料的成分、厚薄调整熨斗的蒸汽量和温度。

④ 要规范烫路，依序熨烫，既不漏烫，也不重烫，提高烫成效率。

⑤ 喷气要均匀，吸湿要彻底。

⑥ 对死迹和漏烫部位要补烫。

⑦ 尽量使用压烫，以提高整烫质量和效率。

⑧ 成衣烫好后要晾干或吹干，以防装袋后发霉。

整烫的作用

① 经热湿加工，能使成衣达到预缩的效果。

② 能熨平成衣上的皱褶，提升成衣的外观美观度。

③ 通过压烫定型，使成衣的褶皱线条挺拔，外观平整。

④ 通过蒸汽熨斗的热湿加工，能改变成衣材料的纤维结构，塑造适合人体特征所需的成衣立体效果和曲线美。

各类衣料熨烫温度

衣料	适宜熨烫温度/℃	危险温度/℃	衣料	适宜熨烫温度/℃	危险温度/℃
棉	180～200	240	锦纶	120～150	170
麻	140～200	240	涤纶	140～150	190
毛	120～160	210	腈纶	130～150	180
丝	120～160	200	维纶	120～150	180
黏胶纤维	120～160	210	丙纶	90～110	120
醋酯纤维	120～130	210	氨纶	70～80	90

整烫设备分析

普通家用电熨斗

普通家用电熨斗是一种平整衣服和布料的工具,功率一般在 300~1000W;类型可分为:普通型、调温型、蒸汽喷雾型等。普通型电熨斗结构简单,价格便宜,制造和维修方便。调温型电熨斗能够在 60~250℃范围内自动调节温度,能自动切断电源,可以根据不同的衣料采用适合的温度来熨烫,比普通型省电。蒸汽喷雾型电熨斗既有调温功能,又能产生蒸汽。

吊瓶式蒸汽电熨斗

加水通电约 1 分钟后,即可喷出高压蒸汽,适用范围较广,几乎涵盖任何质料的衣服、窗帘、地毯的熨烫和消毒,使用简单、操作方便,有利于节约能源和时间。

工业用熨烫机

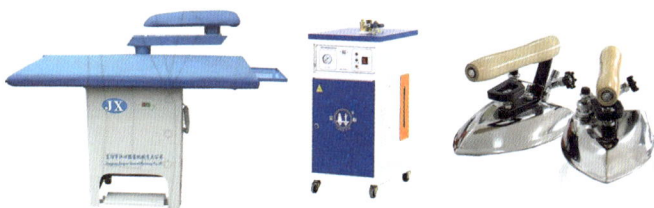

工业用熨烫机一般由烫台、蒸汽发生器、熨烫组成。烫台一般为脚踏式吸风真空抽湿,配有摇臂,方便熨烫裤管、服装曲面部位,使用范围较广。

西服压烫定型机

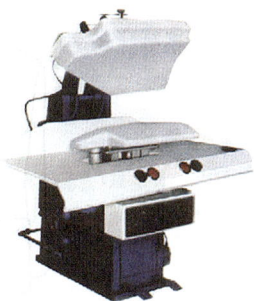

专用于西服的整烫。

2.4 整烫方法与设备 › 2.4.2 整烫设备

熨烫机

后片熨烫机

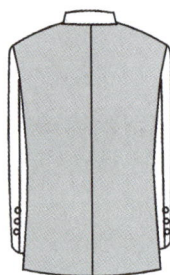

前片熨烫机

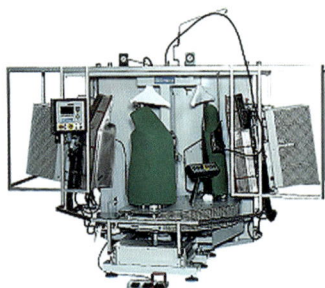

袖山缝开缝熨烫机

肩部的熨烫机（可换模）

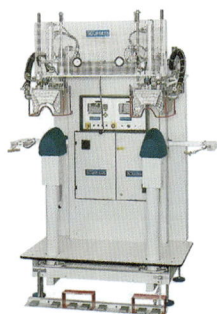

领子熨烫机

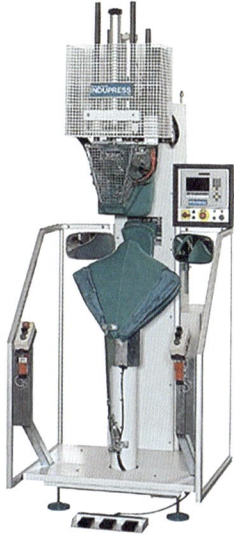

拔肩门骨熨烫机

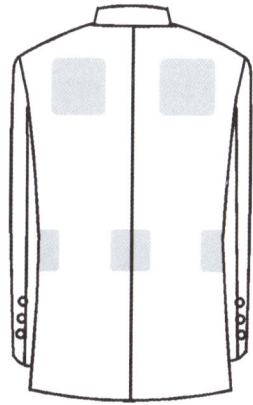

裤腿开缝熨烫机

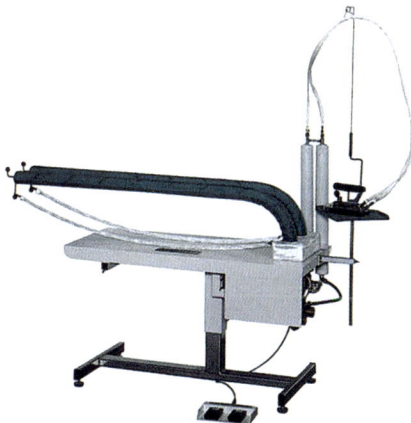

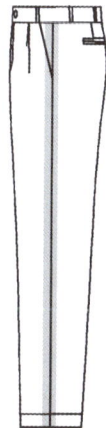

2.4 整烫方法与设备 > 2.4.2 整烫设备

裤子门襟熨烫机（可换模）

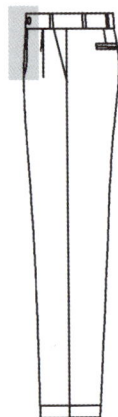

裤子口袋熨烫机

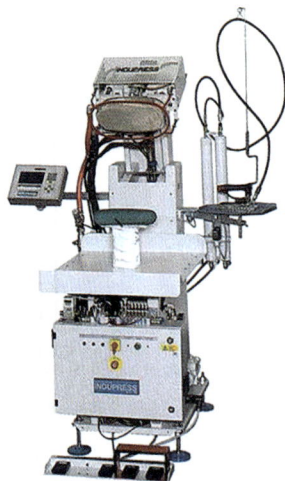

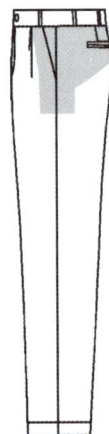

双裤腿熨烫机

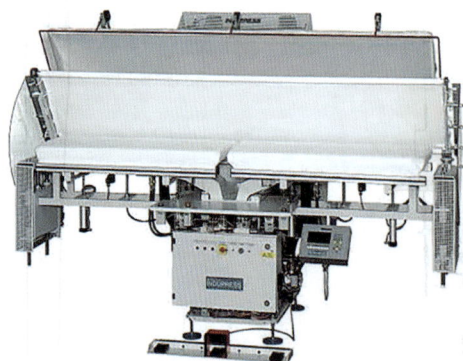

环保生产方式

禁用染料	禁用染料原指某些染料因在生产制造过程中的劳动保护问题而被禁止生产的染料，现在指可以通过一个或多个偶氮基分解出有害芳香胺的染料，如联苯胺、邻氨基偶甲苯、2-氨基-4-硝基甲苯等。
有机氯载体	涤纶纤维在常温、常压下，采用的是载体法染色。这种方法所使用的有机氯载体均为有毒物质，所以各国都已禁止使用，这些被禁用的有机氯载体主要包括：一氯邻苯基苯酚、甲基二氯基苯氧基醋酸酯、二氯化苯、三氯化苯等。
甲醛残留物	甲醛被广泛用作反应剂，其目的主要是提高助剂在织物上的耐久性。其使用的范围包括树脂整理剂、固色剂、防水剂、柔软剂、黏合剂等，涉及面非常广。由于这些助剂自身的游离甲醛释放，致使织物上含有的甲醛很难低于规定的极限值。甲醛本身似乎并不出现对细胞的诱变和畸变，但在蛋白质生物细胞中，已发现与甲醛反应的n-羟甲基化合物的代谢物呈现突变性。甲醛在面料中的测试值应不高于20mg/kg才算合格。
防腐剂	防腐剂也称防霉剂，为便于纺织半成品（如坯布）、成品的贮存，在生产过程中（主要上浆过程）一般要加入适量防腐剂，纺织品上所用的防腐剂主要有五氯苯酚（pcp）和2-萘酚等。pcp是一种重要的防腐剂，在棉纤维浆料和羊毛的储存、运输时常用，它还可被用在印花浆中作增稠剂，或在某些整理乳液中作分散剂等。pcp具有相当的生物毒性，而且往往残留在纺织品中，容易在人体内产生生物积累，危害人体健康。
可溶性重金属残留物	纺织品存在的重金属来源于以下几个方面：天然纤维对土壤空气中重金属的吸收；使用金属络合染料；印染加工中的各类助剂中含有的重金属。 重金属一旦被人体过量吸收便会向肝、骨骼、肾及脑中积蓄，当积蓄达到一定程度时，对人体健康便造成巨大的损害。这些重金属所涉及的种类较多，其中Oeko-Tex100（生态纺织品标准）便明确规定了9种，德国日用危险品法还首次将锑（Sb）列入受限制的重金属之列。
农药（杀虫剂）残留量	在棉麻纤维的生长过程中常使用某些杀虫剂，以抵抗害虫侵害，某些动物纤维往往会存有残留的农药，虽毒性强弱不一，但都易被皮肤接触吸收，尤其六氯环己烷被视为一种会诱发癌症的杀虫剂。Oeko-Tex100列出9种限量农药，并分别规定了其残留量的限量和总残留的浓度。
特殊气味（如霉味、恶臭味、鱼腥味或其他异味）	气味浓烈则表明有过量的化学药剂或有害成分残留在纺织品中，因而有危害健康的可能。因此，各种服装上特殊的气味仅允许有微量存在。 异味的判定采用嗅觉评判的方法，评判人员应是经过一定训练和考核的专业人员。样品开封后，立即进行该项目的检测，且试验应在洁净的无异常气味的环境中进行。操作者须戴手套，双手拿起试样靠近鼻腔，仔细嗅闻试样所带有的气味，如检测出有霉味、高沸程石油味（如汽油、煤油味）、鱼腥味、芳香烃气味中的一种或几种，则判为"有异味"，并记录异味类别；否则判为"无异味"。
织物酸碱度（pH）	人类的皮肤表层一般呈弱酸性，以防止疾病的入侵。因此，纺织品上pH控制在中性及弱酸性时对皮肤最为有益。纺织产品的基本安全技术要求中，A类、B类纺织品的pH值在4.0-7.5，C类纺织品的pH值在4.0~9.0。

安全操作规程

平缝机安全操作规程

①开机前，检查电源线路是否完好，皮带罩、护针罩和护指器等保险装置是否正常。

②应经常观察油膜是否有油，如未见有喷油现象，要停机检查。

③打开电源开关后，手指离开机针以及主动轮区。

④机器运转时，不得将手指、头发、杆状物等靠近主动轮、皮带轮和发动机，不得将手指插入挑线杆防护罩，不得将手指置于机针或主动轮处。

⑤若发现有异味或电机过热、噪声旋速不正常或断针、跳针、浮线等故障，应立即停机切断电源。

⑥操作人员不得擅自拆除保险装置、修理机器、调整电脑参数。严禁赤脚上机操作。

⑦操作人员应当定期检查机器，及时添加机油、清理污垢，发现故障及时通知检修人员。

⑧当人员离开或操作结束后应关掉电源，并整理好机位、机身台面的堆放物料。

包缝机安全操作规程

①开机前，检查电源线路是否完好，检查皮带罩、眼睛防护罩和手指防护器、歪针外罩等保险是否正常。

②给油孔、针杆滑套等处加油润滑时，要关闭电源，确认发动机停止运转后再操作。

③在机器运转时，不得将手指、头发、衣服等靠近皮带轮和发动机，不得将手指置于机针和切布刀附近，不得将手指放于眼睛防护罩内。

④如机器发出异响、异味、过热现象等应立即停机；机器转动沉重、卡死，应立即关掉电源开关，汇报机修工进行检修。

⑤当发现跳针、浮线等情况，应检查机针是否装反、装到位，穿线是否正确，上、下弯针有无线头缠绕，排除上述情况还不能正常运转的，应汇报机修工进行检修。

⑥操作人员不得擅自拆除保险装置、修理机器、调整电脑参数。严禁赤脚上机操作。

⑦操作人员应当定期检查机器，及时添加机油、清理污垢，发现故障及时通知检修人员。

⑧当人员离开或操作结束后应关掉电源，并整理好机位、机身台面的堆放物料。

套结机安全操作规程

①检查设备线路，卸下油孔橡皮栓，每天适量加油一次。

②检查高速皮带和低速皮带的挂放部位是否正确。

③启动电源开关后，启动动踏板，压脚下降，脚离开踏板，压脚上升，再重复一次，套结机开始启动，此时迅速离开踏板。

④正常操作运行后，压脚自动上升，切断上线后停止动作。

⑤操作中，严禁将手指放到压脚附近。

⑥机器的转动方向为从皮带轮里侧看逆时针方向，否则机器发生倒转。

⑦注意使用皮带轮外罩、护指器、眼睛保护器，切勿卸机运转。

⑧当套结机发生针数偏少、不整齐、不符合工艺要求或发出异响等非正常情况时，应立即停机后与技术人员联系。

⑨如遇断针，应关掉机器，换上新针，再重新开机操作。

⑩操作结束后，应对机器进行擦拭，加油保养，做到人离电断。

双针机安全操作规程

①新机器在使用前，必须将涂在各部分的防锈油用汽油和洁净的软布擦拭干净。

②穿入底面线后，不宜空车运转，以免扎线，随时注意油窗，如发现喷油中断应立即停车，修复后才能使用。

③左针应使用右旋线，右针应使用左旋线，而底线则左、右针都可以使用。

④缝纫时可根据缝纫材料的性质来选择适当的机针和缝纫线。

⑤应使机器正转，此时从上轮外侧面向机头方向看，正转转向应是逆时针，上轮反转时，不应启动机器。

⑥操作完后应关闭电源，清理、保养机器。

钉扣机安全操作规程

①开机前必须检查电源连接是否正确，再打开电源开关。

②操作时应先踩空机3~4次，检查防护装置是否正常工作。

③操作过程中，操作人员要保持安静，注意力一定要集中。

④在换模具时一定要关掉电源，锁好保险。

⑤操作人员在钉扣时一次性连续工作时间超过2小时应起立适当活动。

⑥当电机出现异响、异味或过热现象，应立即停机关闭电源，汇报检修工进行检修。

⑦发生纽扣装订过松、冲偏、连冲、不冲、冲装无力等情况应立即关闭电源停机，汇报机修工进行检修。

⑧操作完后应关闭电源，然后清理、保养机器。

蒸汽发生器安全操作规程

①蒸汽发生器操作人员必须经培训考核后，持证上岗。

②开机前检查电源开关，线路是否灵敏、完好；检查水箱是否有水，水路是否畅通，有无漏水；检查指示灯仪表是否完好无损。

③操作步骤：接通电源供电；打开电蒸汽发生器上的电源开关，供水指示灯即亮；水箱开始向炉胆供水，等到供水指示灯熄灭，加热指示灯即亮，十五分钟内蒸汽压力可达到额定工作压力时，即可开始工作。

④在蒸汽发生器使用过程中要经常检查观察仪表和指示灯，在使用过程中如发现调整指示灯亮，气压超过0.4MPa以上应立即关掉电源，停机报告机修工进行检修。

⑤做好平时的维护保养工作，炉胆内每周必须排污一次，以免积污、堵塞管道等；水箱内每月必须保养清洗一次，以保证正常工作和延长使用寿命。

⑥每天下班前五分钟，关掉电源开关，用完或放净炉胆内空气；排净炉胆及管道内的水，清理机器周围杂物，打扫场地。

整烫设备安全操作规程

①开烫前做好准备工作，检查冷却水的蓄水量，蒸汽管有否折断或老化现象，电源连接是否正确。

②操作中应注意气阀压力表的压力，以免自动控制阀失灵而造成意外事故。

③若在整烫中蒸汽管发生断裂，应先关闭蒸汽发生器的电源，及时排出蒸汽降压。

④根据面料纤维性质选定加热温度。

⑤手按控制阀或触摸开关，确保气体由底板孔喷向物件，避免烫坏衣物。

⑥注意经常检查蒸汽发生器温度情况。

⑦注意水位监测系统，当水位低于临界水位时将自动切断电源，以免干烧。

⑧每日工作结束时应打开发生器排水阀，排除水垢。

⑨停用设备时应将蒸汽器内的气压释放到零，以免蒸汽器冷却后形成负压，造成下次工作喷水现象。

⑩注意检查蒸汽烫台的蒸汽管道、真空泵等附属设备，设施的正常情况，确保正常运转。

⑪离开岗位后，应及时切断电源，关掉气阀，清理保养机器。

吸线头机安全操作规程

①开机前检查电源插座，插头是否完好，确保接触良好。

②启动电源开关，空车试运行，检查机件有无碰撞，声响、松动等不正常现象，发现故障及时排除。

③吸风时，操作者手势必须正确，双手紧握产品送向吸风口，开机运行时不得将手伸入吸风口。

④操作时不小心将产品吸入机内时，必须停机取出产品。

⑤根据每天生产情况，及时排除吸入机内的线毛，保证设备正常运行。

⑥操作者不得赤脚上机操作。

⑦离开机器时，必须随手关掉电源开关

⑧下班时检查确认电源关闭，整理好产品，打扫卫生，清洁机器。

服装生产车间防火要求

①服装生产属丙类生产，应按每80m² 设一支灭火器的要求配置灭火器。

②生产车间、成品库和生活区应分别布置，不应混连或并为一体。

③厂房内要保持良好的通风，库房内应经常保持阴凉干燥，防止物资蓄热自燃，车间内要保持较高的相对湿度，以防止废絮、线绒、布屑飞扬。

④机器设备布置要合理，四周要留出通道，不能在通道上堆放原料或成品。

⑤生产车间和原料及成品仓库内禁止烟火。

⑥车间、库房内的电气照明安装应符合安全要求，电气设备要有良好的保护接地或接零。

⑦电气设备要加强维护，定期检修，每天下班必须指定专人及时切断总电源。

⑧剪线毛机、蒸汽烫台等要保持整洁，下班时必须断开电源，并在下班后由专人负责认真检查。

⑨半成品和成品等要堆放整齐，确保消防安全。

⑩建立与健全岗位防火责任制，并及时清除废絮、线头等杂物。

⑪设置消防通道和生产作业定制区域，并按要求执行。

⑫加强消防安全教育，增强防火意识，人人学会灭火器的使用，防患于未然。

第3章 服装产品设计

服装人体工学

服装人体工学的研究对象

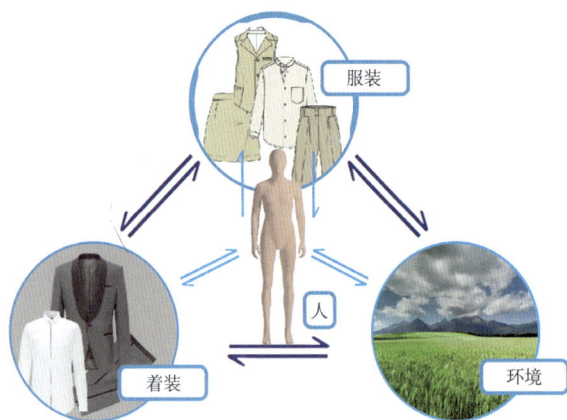

服装人体工学是人体工学中的一个分支，其研究对象是"人—服装—环境"的整体系统，从人体工学的角度研究人体与服装的关系。服装是人体与环境的媒介，同时包含隔离和传导两个功能。其研究的侧重点是从人体的形态和运动机能等特性出发，考虑人体与服装的调和性和舒适性，最终提高服装与人体的整体适应机能。

服装人体工学提供了对服装设计要求的新角度。通过数据和科技成果，服装符合人的使用要求。要求服装能够适应外部环境，改进穿着体验，保护人体免受外界环境的伤害，使人的个体单位与外界环境通过服装机能达到最有效率的性能最优化。

服装人体工学的研究框架

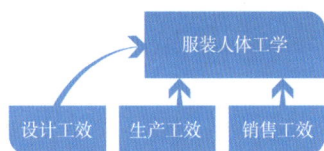

服装人体工学对人体、服装和环境都要进行研究，最终落实在服装这个实体产品上，因此研究服装人体工学不但有科学价值，也有商业价值。从工效学的层面，还应研究服装的设计工效、生产工效、销售工效。

服装人体工学与其他学科的关系

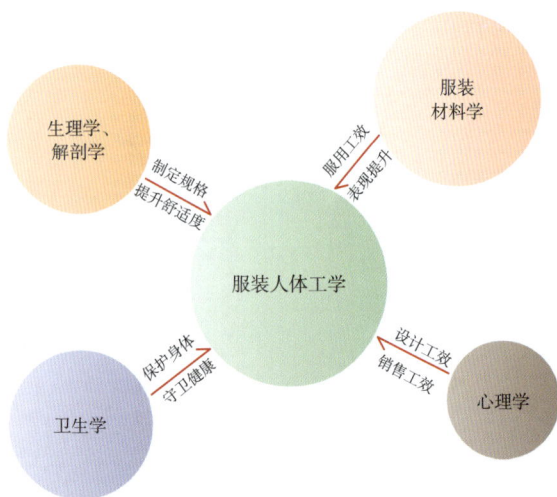

服装人体工学作为一门交叉学科，同时涉及多方面的知识，包括生理学、解剖学、卫生学、服装材料学、视觉心理学等。

生理学、解剖学： 不同人种、不同区域人体的形态差异将影响服装号型的确定。人体的生理结构造就了其不同区域的包裹需求和外表特征，对相关知识的了解是服装舒适性、功能型体现的基本要求。

卫生学： 服装直接接触人体，隔离外界环境，因此服装本身的抗污染性能，皮肤与服装接触时的生理反应、体表压力、静电等都需要卫生学的知识支持。

服装材料学： 服装的穿着工效大部分需要依赖服装材料自有的功能来实现。针对不同的作业环境，材料的选择将直接影响微气候环境和人体热交换的工效。

心理学： 服装的外观造型注重形式美，从心理学的层面剖析人群对服装色彩、服装廓型及服装审美的偏向将极大提高服装设计创新的效率。

服装与环境

服装与环境

在有服装覆盖的区域内，环境经服装对人体产生影响的同时也对服装材料产生直接影响，因此对着装环境的了解十分重要。在宏观层面上，外环境影响元素包括温度、湿度、气流、辐射热。从微观层面上，外环境的卫生状况，微生物的种群分布、密度和繁殖条件都将对服装表面产生直接影响。在特殊工作场景中，极端的环境情况为服装工效带来了特殊的需求，如电网维护工人需要等电位均压的服装，消防员需要能够隔热阻燃、有承压能力，又能够活动自如的防护服。

服装与热量传导

热交换	人体温度	
	人体升温	**人体失温**
传导	人体微气候空气层增厚，导热性能下降	凉感面料、服装沁湿
对流	人体微气候对流，帮助缓解局部高温或低温	外环境风力增加、人体运动幅度加大
辐射	受到阳光照射、靠近发热源	人体的头、手暴露在低温环境中

热交换与热传导是人体在常规条件下首先感觉到舒适或者不适的外环境影响因子。服装对于人体而言，既可以做到传热，也可以做到隔热，根据热量传导的基本方式，可以分为如表格左侧所示三种形式：传导、对流、辐射。

服装的微气候

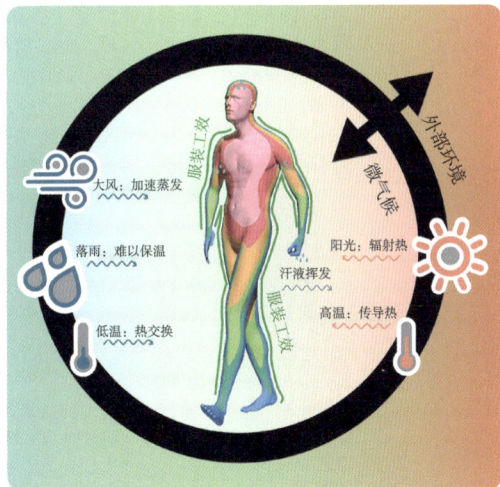

被服装区隔在服装表面外的环境是广义上的环境，相对而言被服装裹覆在服装与人体表面之间的局部环境将更直接地影响人体对服装的感受，这个局部环境内的局部气候被称为服装的微气候。微气候区能对人体表面温、湿度与外界环境进行区别调节的主要原因在于微气候区的空气层。广义上的服装微气候是指人体皮肤和最外层服装间的空气层；狭义上仅考量皮肤和最内层服装间的空气层。

微气候空气层：空气层的厚度和服装层数、服装面料厚度、服装与人体的贴合度有关。在对微气候空气层进行研究时主要研究这个空气层的空气层温度、湿度和气流分布。

服装的导热、隔热性能

服装的导热和隔热并非对立的，目前的功能性服装可以通过服装结构、面料内部结构的改变从而实现微气候内透气导热，对外环境又具有隔热功能。大量研究指出，低速至静止的空气层具有最大的隔热值。这种情况同样适用于服装外面空气界面层、多层衣服内每两层织物间的空气层以及服装最里面的空气层。根据不同的穿着场景，从调节微气候的角度来进行服装导热、隔热的设计是十分必要的。

此外应注意隔热不等于保暖，在高温环境下的防晒服装的功能也是通过隔绝大部分热辐射来实现的。

3.1 服装人体工学 > 3.1.2 服装与内外环境

服装舒适性

服装的散热性能

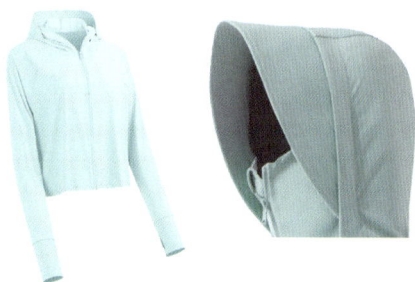

防晒衣的设计

在外界环境温度偏高时，服装的散热性能，特别是对体温的放散就要作为服装优先实现的服用机能。从服装微气候的角度，热量放散依靠微空气层中的气流速度加快和大环境产生空气流通。以最近市场上流行的防晒衣为例，防晒衣的设计宽松，与皮肤不紧贴且下摆设计了大开口，头、面部有遮挡。保证在利用服装的隔热性能阻挡辐射热的同时，又能够在微气候的空气层中形成有效的空气流通，帮助人体逸散热量。

排汗与透湿

排汗是人类自然的新陈代谢活动，同时也是人类调节体温的重要手段。特别在环境温度高时，皮肤表面的汗液蒸发就成为皮肤散热的最主要手段，因此在研究服装的散热性能时，考虑大量汗液分泌的情况十分必要。服装材料的透湿性即服装从内层吸收水分（汗液、汗液蒸汽）并将之传导到外层向外放湿的能力。目前对于服装透湿性的评价使用透湿指数im（Permeability Index）来表示。理论上im值在0（完全不透湿）到1（完全透湿），但$im=1$是仅存在假设中的理想状态。

透湿指数应结合克罗值来衡量服装的舒适性，当服装的克罗值不变时，im值必须随环境温度、湿度的增高而增大才能够维持人体的热平衡。透湿指数受到服装材料本身性能的影响最为直接，对于冬季的户外服装既要求其克罗值高，又要求拥有一定的透湿性，这种对面料矛盾的要求目前可以通过对面料覆膜来实现。

着装舒适性评价

需要保证人体舒适性，从服装人体工学的角度，应通过调节穿着衣物来调节服装微气候，使着装人在不同的环境中感到舒适。人体状态满足以下几个条件时，着装人感到较为舒适。

① 微气候的热平衡。	人体的发热和散热保持相对平衡。在某一环境条件下，人体不需要进行太大的自主调节，如剧烈出汗、发抖等，仅靠着装能维持体温及体表温度稳定。
② 表面干爽。	人体的表面保持相对干爽。服装应满足人体在自然呼吸、沁汗的条件下具有一定的吸湿透气性，保持微气候的湿度适宜，人体体表干爽。
③ 更宽泛的环境适应性。	当服装具有防泼溅、短时防雨，或防风以阻止突然加速的对流导致人体快速失温等功能时，能够对稳定服装微气候、提高人体舒适性起到极大帮助。
④ 抚触舒适性。	着装人体接触到服装表面时，人体皮肤的瞬时感觉，如燥热、冰冷这样的体验都会降低服装穿着的舒适性。
⑤ 观感舒适性。	流行的款式和色彩更受到着装人的青睐，毛茸茸的面料被大量使用在家居服的制作中，都是观感舒适性被利用在服装设计上的例子。
⑥ 运动舒适性。	着装人肢体活动幅度大、出汗较多，有针对性地组合功能面料和服装结构可以大大改善运动的舒适性。

服装卫生

现在，专业的医用防护服一度成为大众关注的热点。皮肤作为人体的第一大防线，其本身具有一定抵御外部环境污染的能力，和服装的适当配合可使卫生保健功能事半功倍。

服装污染

内部污染	外部污染
人体作为生物机体，皮肤表面持续进行呼吸作用而产生二氧化碳，皮肤会自动分泌汗液调节体温。由于新陈代谢作用，不断有老化角质层混合皮脂脱落。在高温而不透气的情况下，热量导致出汗增加，汗液蒸腾无法挥发，形成高温、高湿的微环境，再加上皮脂、汗液等营养成分，容易造成真菌的快速繁殖，对人体健康带来危害，以上属于内部污染。	外部污染包括空气中的悬浮颗粒浓度、接触污渍等来自外部环境的污染。日常活动环境中，悬浮颗粒物浓度越大，其中的尘埃、微生物密切接触人体从而影响人体健康的概率也越大。物理层面表面光滑、化学层面反应性活性基较少的服装材料不易吸附空气中的游离物，更有利于防止外部污染。

服装内部污染来源　　　　　　　　一次性医用防护服　　　　　　　　化学防护服

服装污染处理

　　洗涤服装是最常见的服装污染处理方法。洗涤的需要和服装密切接触人体的面积和时长有关。内衣裤、夏季服装都需要勤洗涤，主要针对服装的内部污染。

　　消毒是面对较为严重的外界污染的有效处理方法。常见有日光或紫外线照射、蒸汽消毒、煮洗消毒等方法。特殊情况需要使用化学消毒法，如药皂浸泡、消毒液喷淋消毒。蒸汽消毒是使用高压蒸汽环境中，服装经受120℃蒸汽20秒以上的消毒方法，因安全易行被广泛使用。

服装与皮肤障碍

　　常规松量的服装着装后引起的皮肤不适，一般是由服装材料引发的。服装材料在制造的大部分环节都需要化学产品来完成，因此纤维中不可避免地吸收在织造、染整环节中残余的部分整理剂、反应助剂。当残余的化学产品从纤维中游离出来接触到皮肤，就有可能对皮肤产生刺激。大众所熟知的甲醛和染料中广泛含有的氨基成分一旦超过一定释出量，都会引起皮肤障碍甚至更多不良影响。

　　为了保障大众的着装健康，我国颁布了国家强制性标准GB 18401—2003《国家纺织产品基本安全技术规范》，其中规定A类为婴幼儿用品；B类为直接接触皮肤的产品；C类为非直接接触皮肤的产品。A、B类纺织品都可以作为成人贴身穿着的服装材料，如制作内衣、T恤、保暖衣等。服用面料都应起码满足B类的要求，应在服装吊牌、洗水标上有所提示。

服装活动性

人体的动态变形

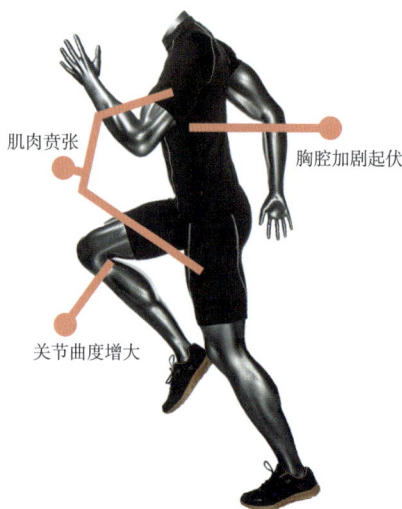

肌肉贲张

胸腔加剧起伏

关节曲度增大

运动时的人体活动幅度加大、生理反应明显，运动的环境会随着运动项目发生改变，因此在服装人体工学中，运动状态是很重要的研究项目。与从美观和展现个性出发的时装不同，运动装与工装需要在对人体运动状态有充分了解的情况下进行对服装结构的考量。人体开始运动后整体状态将产生和静态不同的动态变形，设计服装时应考虑动态变形对服装产生的影响，避免产生着装后抬不起手、迈不开步等基本的结构错误。

人体的动态发生时与静态状态相比，变形的因素主要来自两个方面：肌肉的屈伸和皮肤的错位。

肢体的活动范围

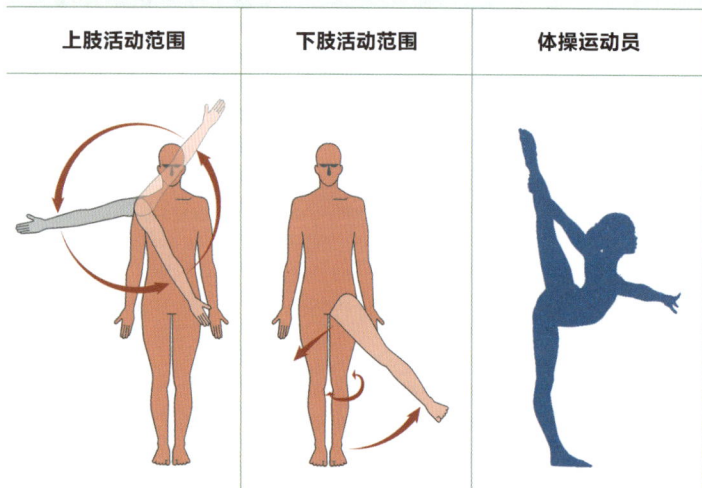

上肢活动范围	下肢活动范围	体操运动员

人体的活动由肌肉的屈伸引发，肢体活动可分为前向屈伸、侧向屈伸和旋转三个类别。含有球状关节的肢体如肩关节、股关节的活动比较灵活，一些关节如膝关节、肘关节属于折合关节，在旋转功能上受到限制，腕关节十分灵活，但对服装的影响有限。其活动范围在未经特殊训练的情况下有一定规律。

体操运动员、舞蹈演员和杂技演员经过训练后拥有极其卓越的肢体柔韧性和控制能力，可以完成普通人达不到的动作，因此也需要专业的运动服装来支持。

服装的功能分区

从人体工学的角度出发，首先进行服装在人体上的功能分区，再进行服装设计，这一设计思路可保证设计师在拥有最大的设计自由的情况下使服装保证人体运动的舒适性和合理性。依照这一思路，服装分成贴合区、作用区、自由区和设计区。

贴合区： 服装与人体的紧密贴合区，此部分服装需要人体的填充和支撑，保证服装可被穿着在人体上不松脱。

作用区： 人体在运动中容易和躯干发生偏移的部位，是服装需考虑运动功能的主要部分。在这一部分，服装的松量、材料的拉伸性能和舒适性都要额外考量。

自由区： 该区对于可能发生的剧烈偏移，如上肢举手、下肢深蹲等，可用来调节服装造型的空间。

设计区： 款式设计时能够进行艺术造型与变化的空间。时装设计师可以根据主观判断和时尚潮流进行造型变化。

服装功能性

人体工学与款式设计

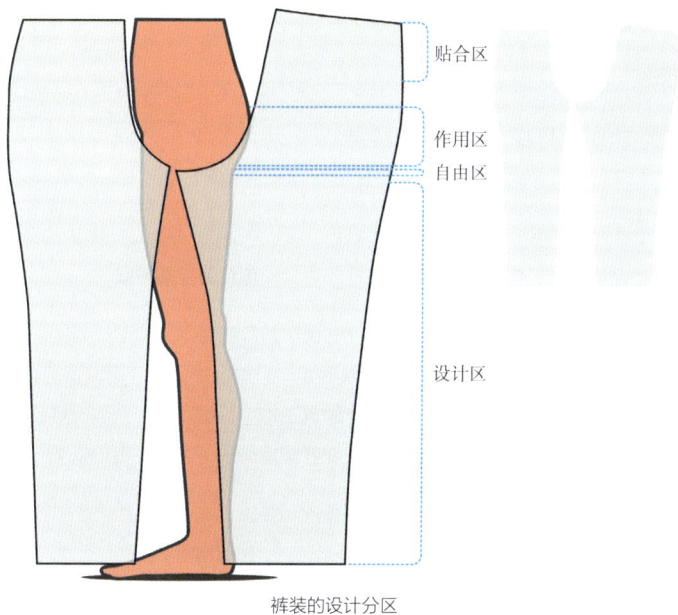

贴合区
作用区
自由区
设计区

裤装的设计分区

裤装的贴合区在腰部，以腰部作为整个裤装的支撑，因此腰头设计通常和人体尺寸匹配，不留或少留松量。

作用区和自由区在裆部，裆线和袖窿线的设计是服装板型设计上的难点，因要考虑使用立体造型的方法来给予人体活动量，而非使用大量的面料造成局部的堆积。

设计区可以依据服装的风格造型以及季节变化进行塑造，自由区以下裁断即成热裤，没过脚踝是长裤，到膝盖部分是五分裤。

运动劳作类服装的款式设计与人体工学

　　在为进行体力劳动或运动训练的人设计服装时，需要优先考虑服装对运动时的人体形变的适体性。因此，许多运动服装在廓型上相似，并非缺乏创新，而是优先考量实用性的结果。此类服装可以参考以下设计要点：

① 精简贴身衣物的设计区。	运动类直接接触肌体的衣物通常比较修身，如蝙蝠袖、喇叭裤之类看似宽松实则容易勾挂、造成运动障碍的款式通常不在运动服装中使用。
② 局部适度施压。	据研究，在手腕、小腿下部等用力时筋腱突出的部位施予适当压力可以提高运动效率，因此在早期的军服中有腰带、绑腿的设计。而另一部分肌肉如肱二头肌、胸大肌会在运动时围度明显增大，此部分不宜施加更多压力，运动教练甚至会使用胶贴来防止过度的肌肉紧绷。高端的运动泳装在不同区域对人体的压力也会发生变化，以提高运动员的运动效率。
③ 弹性材料提高适体性。	在成衣制造体系下，普通运动服装不可能量体裁衣，因此自带弹力的针织织物面料叠加上弹性纱线的使用，可使面料具有多向弹力，在运动时更好地适应人体的变化。
④ 减轻服装自重。	对于某些田径类运动服装，服装自重有时也会成为影响结果的关键点，另外运动时服装对汗液的吸收也会增加服装自重。因此，减轻服装自重需要使用超轻且能帮助汗液蒸发的面料。

服装防护性

在都市社会环境中，个体对着装的考虑更偏重社会性的影响。而面对严苛的特殊作业环境，职业防护服对服装人体工学提出了更高要求，是"人—服装—环境"概念在服装设计上的集中体现。

防护的范围

气候适应性：防寒、防暑、防雨、防风。

个体防护性：防火、防毒、防污、防菌、防虫、防割裂、防辐射、防静电。

服装对身体的防护从服装工效角度可以从两个方面来规划，一是帮助人面对特殊气候的适应性，二是在特殊场景下对个体的防护性。

防护服的分类

高性能防护服	一般性劳保防护服
高性能防护服是使用高性能材料搭配特殊的服装结构，在极限环境下进行活动的防护服，如宇航员在太空行走的防护服、消防员进入火场的防护服，还有重度污染环境下可以隔绝病毒的卫生防护服等；通常都包括全身的系统性防护，可与外界环境完全隔绝。	一般性劳保防护服在考虑结实耐穿着的基础上，搭配安全帽、厚手套、面罩、作业鞋等可以灵活选择的配件；适合场景有建筑工地、机械制造、金属冶炼等。一般性劳保防护服还要考虑造价的问题，在造价低廉和防护性高中取得平衡。
体育用防护服	**作战用防护服**
一些肢体冲突剧烈或高速度竞技类项目必须为可能发生的突发状况设计特有的防护服装。一般以缓冲、防撞击为主。在材料的使用方面，应用最广泛的是EVA（聚乙烯醋酸酯）垫材，高端运动装备还使用D3O，一种由"智能分子"组成的抗冲击材料，相同工效下其密度只有高密度海绵的4%，适合作为服装材料。	当代的作战服集防护类服装之大成，根据具体情况还具有携带武器、补给以及防御子弹伤害的作用。一些特殊战争中，作战服还具有防护生化污染、原子能辐射等功能。

例：一种带有心率监测功能的消防员防护服

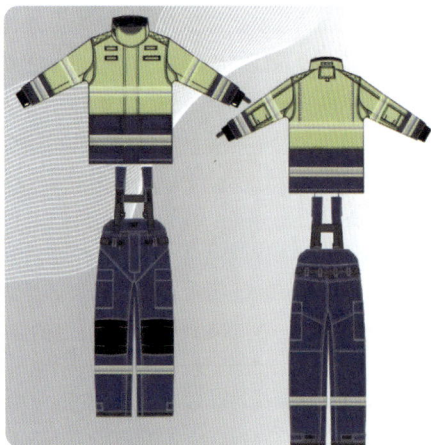

服装规格设计

例：某女士T恤大货规格尺寸表（单位：cm）

部位	说明	S	M	L	XL	XXL
肩宽		39	40	41.5	43	44.5
胸围	夹下2cm量	46	48	51	54	57
腰围	夹下18cm量	47.5	49.5	52.5	55.5	58.5
下摆宽		51.5	53.5	56.5	59.5	62.5
前领线开口	领线边缝位处量	30.3	31	31.7	32.4	33.1
后领线开口	领线边缝位处量	22.7	23	23.3	23.6	23.9
前夹圈		21.7	22.5	23.5	24.5	25.5
后夹圈		21.3	22	23	24	25
臂围	从腋下2cm量	14.9	15.5	16.4	17.3	18.2
袖口宽		14.4	15	15.9	16.8	17.7
袖长		20.5	21	21.5	22	22.5
领高	领线边	1.5	1.5	1.5	1.5	1.5
衣长	从前领肩顶点处量	64.5	65.5	66.5	67.5	68.5
后中衣长	不含领线边量	61.5	62.5	63.5	64.5	65.5

服装规格是服装成衣工业的重要概念，单款服装关键部位的尺寸被称为服装规格，如最简单的T恤包括领口围、肩宽、胸围、下摆围、身长等多项规格数据。如果是对板型要求更为精确的女装则规格也更为详尽，如左表例。服装规格是服装产品的一系列实际尺寸。

给单款服装一系列尺码的关键部位规定尺寸，由初样样衣尺寸（左表例中为M号）推出系列规格表，即为服装规格设计。

服装规格设计的实施步骤

① 确定所使用的服装号型体系。如常规体型款式选择女子5.4系列A。

② 确定该款系列的码段，即该款服装有几个码数，上表中有S~XXL五个码段。

③ 确定中间体，如中国女性的中间体常选择号型160/84A的中间体形体数据，并以此作为M号的规格基准。

④ 为中间体进行规格设计，主要根据中间体的净体规格增减放松量。

⑤ 按照档差进行缩放板，完成码数规格表。

服装号型体系与国家标准

号型体系是进行服装规格设计的基础。号型包含身高、胸腰臀围以及胸腰臀比例的关键数据。服装的制作尽可能地符合人体的尺寸和形状，但工业生产不允许大量生产不同形状和尺寸的服装。从大量的人体测量调查中获得的数据进行统计，并将测量结果划分为若干可管理的体型和尺寸区间，以表格的形式被行业广泛使用，以满足特定目标市场的要求，这就形成了号型体系。

《服装号型》国家标准是我国服装行业的基本标准，于1981年颁布实施的GB/T 1335—1981《服装号型》是第一个服装行业的号型标准，并在1985年、1991年、1997年进行修改，目前最新的应用标准是GB/T 1335—2008《服装号型》，于2009年8月1日正式施行，此项目下又可分为GB/T 1335.1—2008《服装号型男子》、GB/T 1335.2—2008《服装号型女子》和GB/T 1335.3—2009《服装号型儿童》，后文介绍的服装测量方法则被收录于GB/T 16160《服装用人体测量的尺寸与方法》中。

号型的概念

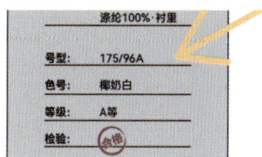

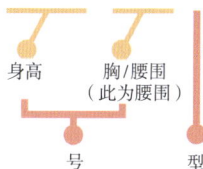

170/74Y

身高　胸/腰围（此为腰围）

号　　型

在我国销售的服装应在销售吊牌上标注号型和尺码。号型的数字、字母组合意义如下。号：人体的身高，单位cm。型：人体的净胸围（上衣、连身衣）或腰围（下装），单位cm。体型：该款服装适合的体型类别，分类代号以字母表示，具体见下文。

体型与号型

体型的划分

中国号型体型划分依据表

体型代号		Y	A	B	C
对应体型		瘦削	标准	偏胖	肥胖
胸腰差值	男	22~17	16~12	11~7	6~2
单位：cm	女	24~19	18~14	13~9	8~4

国际标准男士体型划分

健美型	标准型	微胖型	胖型	肥胖型

仅统计人体的胸围、腰围与臀围时，可以得出三围的比例被集中在某几个区间段，因此以人体三围的差数为依据，将人体分成几个类型。不同的国家分类不同，我国以胸围与腰围的差值作为参考值，分为Y、A、B、C四个基本类型，其中A体型比例标准匀称，常被设置为成衣服装进行规格设计的标准体。C体型的胸腰差极小，一般反映了肥胖人群的体型特征。

国际标准以臀围和胸围的差值来确定，和我国略有不同，国际标准ISO/TR 10652:1991 Standard sizing systems for clothes（服装标准号型系统）中将男子划分有健美型、标准型、微胖型、胖型和肥胖型。

号型的标识

175/96A (XL)

适合身高范围 175±2cm
适合净胸围 96±3cm
适合净腰围（96-14）±2cm A体型
此部分为品牌/厂商根据国际号型和目标销售区域所做的尺码标识。

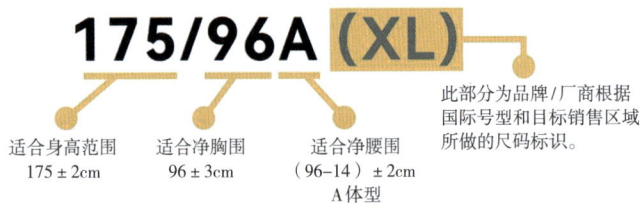

服装号型的表示方法是按顺序标识出"号"+"型"+"体型"，其中，号和型用"/"号分开。例如，某女士外套标有号型"175/96A"，可知该号码服装适合173~177cm身高范围内，胸围为93~99cm，标准体型（A体型）的人穿着。

号型的分档

我国号型分档范围和分档差值

型	体型	号（身高）		分档差值
		男 155~185	女 145~175	5
胸围	Y	76~100	72~96	4
	A	72~100	72~96	4
	B	72~108	68~104	4
	C	76~112	68~108	4
腰围	Y	56~82	50~76	2和4
	A	56~88	54~82	2和4
	B	62~100	56~94	2和4
	C	70~108	60~102	2和4

号型区间数据的递进被称为号型的分档，根据我国标准《服装号型》的规定，身高以5cm分档，以身高为基础，对应胸围以4cm分档。

对应腰围则因为宽容度较低，因此有两种分档，4cm分档法和2cm分档法，分别被称为5·4系列和5·2系列，某些腰部无松紧、板型合体的服装应采用2cm分档法。

中间体数据

各体型中间体采用数据

部位	男Y	男A	男B	男C	女Y	女A	女B	女C
身高	170.0	170.0	170.0	170.0	160.0	160.0	160.0	160.0
颈椎点高	145.0	145.0	145.5	146.0	136.0	136.0	136.5	136.5
坐姿颈椎点高	66.5	66.5	67.0	67.5	62.5	62.5	63.0	62.5
全臂长	55.5	55.5	55.5	55.5	50.5	50.5	50.5	50.5
腰围高	103.0	102.5	102.0	102.0	98.0	98.0	98.0	98.0
胸围	88.0	88.0	92.0	96.0	84.0	84.0	88.0	88.0
颈围	36.4	36.8	38.2	39.6	33.4	33.6	34.6	34.8
总肩宽	44.0	43.6	44.4	45.2	40.0	39.4	39.8	39.2
腰围	70.0	74.0	84.0	92.0	64.0	68.0	78.0	82.0
臀围	90.0	90.0	95.0	97.0	90.0	90.0	96.0	96.0

服装的某个号型可以适应胸围在号型所示4cm之间、腰围在号型所示2～4cm的人士穿着。号型标识的数据则是经过大量数据测量，按部位得到平均数，并参照各部位平均数最终确定的中间体的规格数据。成衣制作时的初始样本一般以中间体的规格制作初样。我国制作成衣初样一般选用160/84A女体或170/88A男体作为中间体，但随着年轻人的身体发育水平提升，也会同时打更大一个号型的样板。同时，儿童因为身体发育的特殊情况不设中间体，由各品牌自行判断。

5·4、5·2A 号型系列中间体各控制部位数值

部位	数据											
身高	145.0			150.0			155.0			160.0		
颈椎点高	124.0			128.0			132.0			136.0		
坐姿颈椎点高	56.5			58.5			60.5			62.5		
全臂长	46.0			47.5			49.0			50.5		
腰围高	89.0			92.0			95.0			98.0		
胸围	72			76			80			84		
颈围	31.2			32.0			32.8			33.6		
总肩宽	36.4			37.4			38.4			39.4		
腰围	54	56	58	58	60	62	62	64	66	66	68	70
臀围	77.4	79.2	81.0	81.0	82.8	84.6	84.6	86.4	88.2	88.2	90.0	91.8
身高	165.0			170.0			175.0			180.0		
颈椎点高	140.0			144.0			148.0			152.0		
坐姿颈椎点高	64.5			66.5			68.5			70.5		
全臂长	52.0			53.5			55.0			56.5		
腰围高	101.0			104.0			107			110.0		
胸围	88			92			96			100.0		
颈围	34.4			35.2			36.0			36.8		
总肩宽	40.4			41.4			42.4			43.4		
腰围	70	72	74	74	76	78	78	80	82	82	84	86
臀围	91.8	93.6	95.4	95.4	97.2	99.0	99.0	100.8	102.6	102.6	104.4	106.2

人体测量方法

服装号型的关键部位数据

　　服装号型在最终呈现给消费者时只有最基本的标识内容，但是在实际设计和生产中，需要更多的数据反映人体的结构规律以便更为准确地控制服装的尺寸和款型。在本节"中间体"部分的内容中，表格出现了10个身体数据，即为我国的号型标准中规定的10个控制部位，又被称为服装号型的关键部位。其中，身高、腰围和胸围既是基本部位，又是关键部位。儿童只有9个控制部位，和成人相比并不体现"颈椎点"的数据。关键部位数据来自对大量人群基数标准操作得到的人体测量结果。人体测量时使人体各部位的特征数字化，是服装号型规定的数据基础，大量标准规范的人体测量才能够提供给号型规格有力的证据支持。

人体的测量

人体测量的基准点

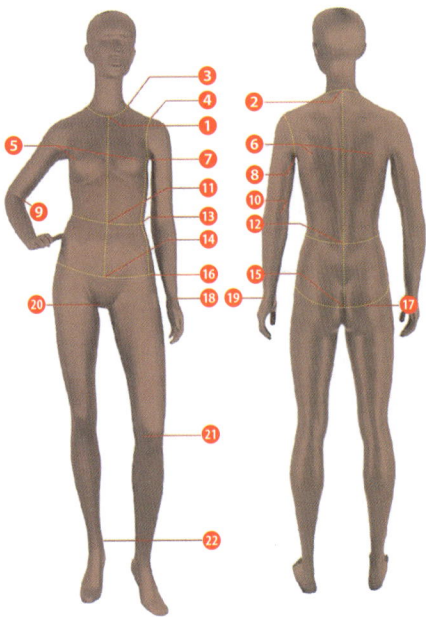

　　基准点是人体某个部位尺寸的端点。主要基准点有22个，通过准确的端点设定，在不同基准点或对称的相同基准点间进行连线可以得到人体的主要基准线。

　　① 颈窝点：位于人体前中央颈、胸交界处。
　　② 颈椎点：位于人体后中央颈、背交界处（即第七颈椎骨）。
　　③ 颈肩点：位于人体颈部侧中央与肩部中央的交界处。
　　④ 肩端点：位于人体肩关节峰尖处。
　　⑤ 胸高点：位于人体胸部左右两边的最高处。
　　⑥ 背高点：位于人体背部左右两边的最高处。
　　⑦ 前腋点：位于人体前身的臂与胸交界处。
　　⑧ 后腋点：位于人体后身的臂与背的交界处。
　　⑨ 前肘点：位于人体上肢肘关节前端处。
　　⑩ 后肘点：位于人体上肢肘关节后端处。
　　⑪ 前腰中点：位于人体前腰部正中央处。
　　⑫ 后腰中点：位于人体后腰部正中央处。
　　⑬ 腰侧点：位于人体侧腰部正中央处。
　　⑭ 前臀中点：位于人体前臀正中央处。
　　⑮ 后臀中点：位于人体后臀正中央处。
　　⑯ 臀侧点：位于人体侧臀正中央处。
　　⑰ 臀高点：位于人体后臀左右两侧最高处。
　　⑱ 前手腕点：位于人体手腕部的前端处。
　　⑲ 后手腕点：位于人体手腕部的后端处。
　　⑳ 会阴点：位于人体两腿的交界处。
　　㉑ 髌骨点：位于人体膝关节的外端处。
　　㉒ 踝骨点：位于人体脚腕部外侧中央处。

数字人体测量 Humansolution 三维扫描仪

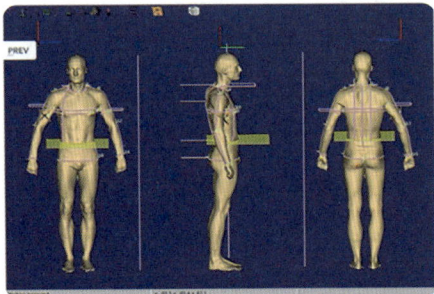

　　三维人体测量是利用数字化辅助手段对人体尺寸进行数据采集的方法，具有速度快、精度高、非接触的优点。三维人体测量的基础是三维人体扫描技术，首先对人体外形和结构进行扫描以获得物体表面的空间坐标，再将人物实体的立体信息转换为计算机能直接处理的数字信号。所测得的数据可以直接运用于服装 CAD 系统，以实现人体测量和服装定制的迅速反应关系。在扫描人体获取数据的方法上有激光测量法、三角法、莫尔条纹测量法、白光相位法等，目前为了测量人体数据的精确，需要被测人身着浅色紧身衣物进行测量，如果需要测量头围和准确身高，需戴紧身帽，且双臂对称展开30°左右。

人工人体测量

高度 / 纵向尺寸

身高、颈椎点高	坐姿颈椎点高	全臂长、腰围高

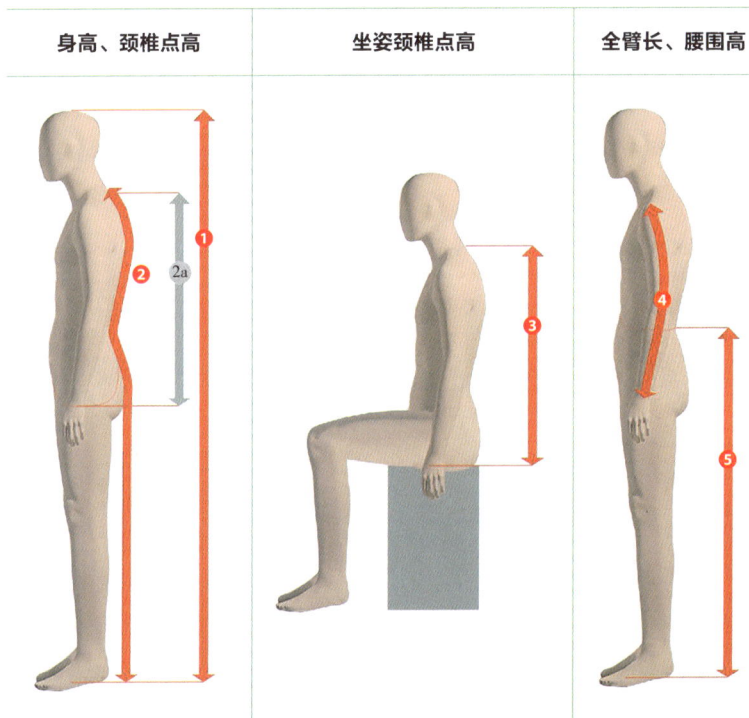

此处仅列举关键号型部位的人工测量方法。

高度/纵向尺寸：

① 身高：人体赤足站稳，双足前伸与肩同宽，目视前方，量取后脑最高处至地面的垂直距离。

② 颈椎点高：和量身高同姿势，沿人体第七颈椎点以软尺贴背脊之后臀中后再加上垂直至地面的距离（区别背长 2a，自第七颈椎点垂直量至会阴点）。

③ 坐姿颈椎点高：坐姿背长，在人体保持坐姿，膝盖松弛，脚掌可以着地的状态下，经后颈点垂直量至后腰点。

④ 全臂长：由肩点开始，过肘骨点量至手腕骨点。

⑤ 腰围高：腰围线垂直至地面的高度。

围度 / 横向尺寸

胸围、腰围、臀围	颈围
	总肩宽

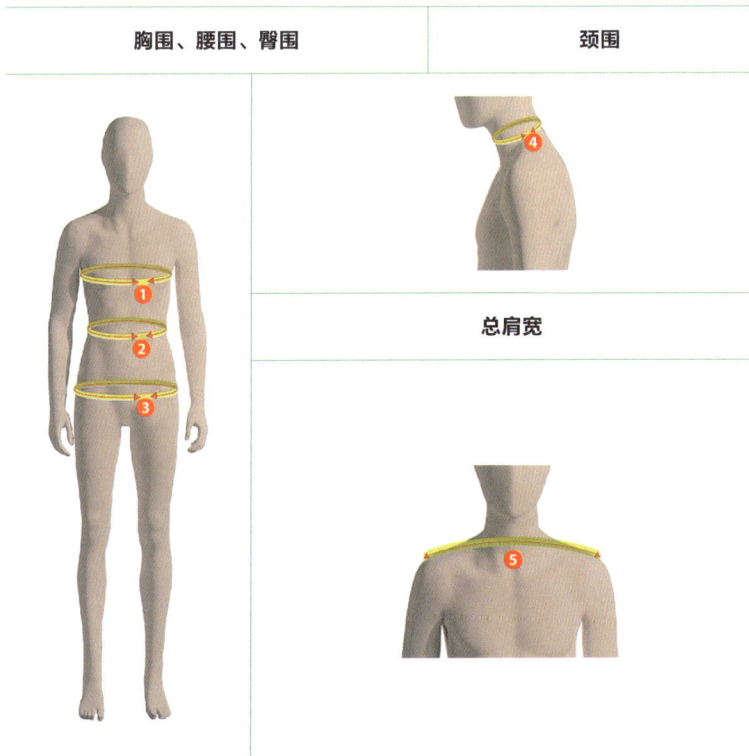

围度/横向尺寸：

① 胸围：经过胸高点水平围量一周。

② 腰围：过前腰中点、经腰侧点、后腰中点水平围量一周。

③ 臀围：等同于臀围线长度，经臀部最丰满处量一周。

④ 颈围：经过后颈第七颈椎点和甲状软骨凸下缘处量一周（区别颈根围：经前颈窝点、侧颈点和颈椎点量一周）。

⑤ 总肩宽：人体站直，手臂自然下垂，左、右肩点经颈椎点的总弧长。

号型与尺码

消费者在选购服装时常常根据尺码而非号型来进行挑选，但尺码和号型中间存在对应关系。例如，我国女装上装中码（M）对应的号型是160/84A，男装上装中码（M）对应的号型是170/88A。儿童即使在相同的年龄，身高体型的差异也非常多样，因此，童装的尺码比成人服装要复杂一些。婴童可以使用年龄如"6M"对应六月龄，"1Y"对应一周岁婴童，但是在我国《服装号型儿童》中并无以年龄来标识号型的方法。中大童也使用身高，如80cm、90cm、100cm作为服装尺码。

尺码与号型在销售终端的体现

某国内品牌的服装吊卡	某国际品牌的女装洗水标	某国际品牌的男装洗水标

某某服饰

合格证
CERTIFICATION

品名：女士羽绒服
执行标准：GB/T 14272-2021
款号：AW405
成分：尼龙100%·表
白鸭绒100%·填充
涤纶100%·衬里

号型：175/96A
色号：椰奶白
等级：A等
检验：

136840.2105843021002

M
UK 12 EU 40 USA 8

MADE IN CHINA

FABRIQUE EN CHINE
HERGESTELLT IN CHINA
WYPRODUKOWANO W CHINACH
FABRICADO EN CHINA
PRODOTTO IN CINA
VYROBENO V ČÍNĚ
PROIZVEDENO U KINI
FREMSTILLET I KINA
GEMAAKT IN CHINA
FABRICADO NA CHINA
VYROBENÉ V ČÍNE
DRŽAVA POREKLA: KITAJSKA
СДЕЛАНО В КИТАЕ

M
96.5 - 101.5 cms
38 40 inches

MADE IN CHINA

FABRIQUE EN CHINE
HERGESTELLT IN CHINA
WYPRODUKOWANO W CHINACH
FABRICADO EN CHINA
PRODOTTO IN CINA
VYROBENO V ČÍNĚ
PROIZVEDENO U KINI
FREMSTILLET I KINA
GEMAAKT IN CHINA
FABRICADO NA CHINA
VYROBENÉ V ČÍNE
DRŽAVA POREKLA: KITAJSKA
СДЕЛАНО В КИТАЕ

由于款式的变化或单款服装会被在不同的国家或地区进行销售，因此，在服装销售终端不仅会在吊牌上标定尺码，还会特别注明该款、该号适合的身高和胸围或身高和腰围。在国际市场销售的服装尤其要注意根据国际化的号型表达。

不同国家的尺码

许多国家都有规定，跨国品牌服装的销售必须在洗水标上或是服装内侧标明销售地区所使用的尺码。商业活动中，跨国的成衣购买常因各个地区对尺码定义的不同而造成认知上的分歧。因此，一些跨国购物平台常附有几个主要国家的尺码对照表，但消费者在实际决策时应根据更综合的尺寸数据做判断。

国际男士成衣销售尺码对照简表

销售区域	代号	尺码代码						
国际（通用）	INT	XS	S	M	L	XL	XXL	XXXL
中国（上装）	CN	165/84A	170/88A	175/92A	180/96A	185/100A	190/104A	195/108A
中国（下装）	CN	165/70A	170/74A	175/78A	180/82A	185/86A	190/90A	195/94A
欧洲	EU	44	46	48	50	52	54	56
美国	US	34	36	38	40	42	44	46
英国	UK	6	8	10	12	14	16	18
日本	JP	S	S	M	L	L	LL	LL
牛仔裤装		28	29/30	31	31/32	33	34	36

服装的放松量

　　服装与人体净尺寸之间的差距被称为服装的放松量。放松量使人体和服装之间存在间隙，保证了人体在运动时的舒适度，因此服装放松量要同时考虑运动舒适量和生理舒适量，在造型上有特殊要求的服装还应考虑造型的元素。

　　一般而言，放松量越大，人体与服装的空隙越大，人体的活动越自由，但有可能出现局部的放松量挤占了服装其他部分的活动量的情况，如低裆裤。弹性面料的出现让贴身、甚至放松量为负数的服装也变得舒适自由。

放松量的分类

生理舒适量	运动舒适量	造型放松量
人体的最基本生理活动是呼吸和进食，带来的一系列生理活动是服装舒适性应首先满足的。	人体在进行常规运动时应保证人体活动的正常进行，不使人体感到限制所需要的放松量。	塑造特殊的形态需要给服装额外的放松量，成衣应满足起码的生理舒适量和运动舒适量，再考虑造型放松量。

常规放松量

部位	颈部放松量	胸部放松量	腰部放松量	臀部放松量
建议尺寸	2~3cm	4~8cm	0~2cm	5cm
放松量产生原因	考虑到颈部的转动和俯仰，应给予2~3cm的基本放松量。	呼吸活动对胸围产生直接的影响，人体在进行呼吸时的胸围尺寸变化的平均值为-0.8~2.1cm。人的日常活动如展臂、举臂、伏案时等，胸围也会产生相较静态直立而言增加4~6cm的变化。	腰部设计以合体为主，但考虑到进食和起坐带来的变化，腰部松量范围为0~2cm，中老年人增加2cm左右。	人体在坐下时，臀围会增加4cm左右，再考虑到臀部的皮肤弹性，一般松量是5cm。

放松量与常规服装规格设计

常规服装款式风格与放松量参照表					单位：cm	
部位/款式	胸围（女）	胸围（男）	腰围（上衣/连身裙）	腰围（半身裙/裤装）	臀围	袖窿深
贴身	0~10	0~12	0~4	0	0~6	1~2
合身	10~15	12~18	4~8	0	6~12	2~3
较宽松	15~20	18~25	8~12	2	12~18	3~4
宽松	≥20	≥25	≥12	2	≥18	>4

　　根据款式、穿着场景和面料的不同，应考虑不同的放松量，从而对服装的最终规格产生影响。

　　例如，女士礼服裙以造型为优先，放松量极小。紧身弹性衣物如泳装，放松量为负数。工装外套要考虑所有的放松量，因此一般设计得十分宽松。

缩放板（缩放码）

　　在得到中间体规格后，要将该服装规格通过一定比例的放大和缩小，推导出同系列其他号段的服装规格。例如，单款服装常以M号（中号）为中间体，为推导S号（小号）、L号（大号）的尺寸，则要确定每项数据的档差，并以此为依据进行中间体样板的缩放，缩放的过程叫作缩放板，又叫作推板。

档差

　　档差是指不同号码之间单项数据的差值，不同号码之间的胸围差值往往和标准号型相同，腰围档差也可以参考标准号型的变化，胸围是档差变化最显著的数据，颈围的档差变化较小，袖口、裤脚口同理。

服装流行

广义流行与狭义时尚

物质时尚	行为时尚	观念时尚	人物时尚
当季时装 品牌鞋包 博物馆文创 新能源汽车	共享单车 云养猫 市郊短途游 郊野露营	绿色环保 节约不浪费 博物馆文创	励志典型 奥运冠军 互联网"新贵" 演艺明星

流行： 一种客观的社会现象，它反映了人们日常生活中某一时期共同的、一致的兴趣和爱好。一切外在有形的物体都可能成为流行的载体。服装由于其外化的形式容易被看成流行的领域之一。

广义流行： 泛指一个时代或一段时期中人们崇尚和追求的文化或是物质，包括物质时尚、行为时尚、观念时尚、人物时尚。

狭义时尚： 服装流行是相对狭义的概念，指的是服装的文化倾向，从观察者的角度，发现在一定的时间与地域范围内人群在对服装的色彩和款式的选择上会出现相似的偏好。

时尚与流行的产生理论

较高社会（文化）阶层 → 较低社会（文化）阶层

涓滴理论： 该理论于1904年由德国社会学家格奥尔格·齐美尔提出。在这个理论模型中，时尚是由阶层高的人向阶层低的人传导的，低阶层将效仿高阶层的穿衣方式，以及模仿前者的生活方式。这种现象反逼高阶层创生新的时尚产品，追求新的时髦和流行，拉开自己和低阶层的差距以维护自己的可辨识度。这种流行的传播模式因此又被称为下传理论。

消费者自主选择 → 制造者做出反应

上传理论： 1969年来自美国的社会学家赫伯特·布鲁诺提出了群体选择论，此后被时尚学者马丁·雷德蒙在《明日的人》一书中引申并提出了时尚的上传理论。群体选择论认为时尚是群体性选择的结果，消费者会从不同的风格中做出个体性的选择，时尚趋势是时代精神的体现。在这个模型中，时尚经历了一个从众多竞争性服装款式中进行自由选择的过程，服装设计师最终表达出某种现代性的倾向，而采购商通过购买来确定某种时尚。

大众传媒输出单一价值

平传理论： 美国的社会学家戴安娜·克兰，在《文化生产，媒体与都市艺术》一书中提出了文化生产的概念，其中有一些主要观念也能用来解释流行。流行文化是一种传媒工业体系下的产品，传媒工业将流行文化以单一的思想和价值观销售给一群无差别观众，流行文化工业也出现了类似的扩张和大公司垄断的特点，流行变成了可以被轻易量化的数据。

传播流行的人群

传统业态	新业态

流行的产生理论提出了不同的流行传导方向，在网络时代来临前，较为稳定的传播路径是从设计师开始向消费者传播，但当处在网络世界中，流行的资讯变得更加扁平而通明，因此传播流行变成了更加复杂的生态闭环。

流行的影响因素

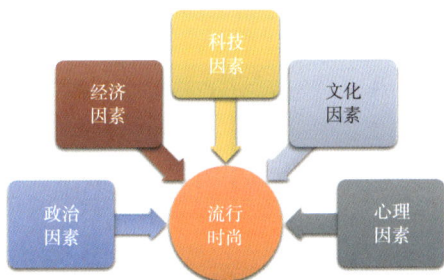

政治因素方面，可以观察到女性政要和领导夫人的服装往往受人追捧；经济因素方面，可以观察到经济发达的地区同样执掌着时尚的话语权；科技对服装材料的影响最为直接，功能性纤维的出现打破了气候限制，在冬天可以穿着轻薄、保暖的时装；影响时尚的心理因素也被大量市场营销学家、心理学家研究；然而，作为社会一员和普通消费者感受和接触最直接的是来自文化影响推动的流行。

文化因素

底层审美	艺术风潮

影视娱乐	生活方式

底层审美： 东方大众偏爱统一、和谐，偏重抒情性和内在情感的表述。相对而言，西方社会较为重视客观化的本性美感。

艺术风潮： 纵观服装史，受到艺术风格影响甚至以此为名的服装风格不胜枚举，远有哥特风格、巴洛克风格，近有极简主义风格、解构风格。

影视娱乐： 娱乐业拥有高效的传播体系，因此在流行文化的影响下，娱乐业对于流行的影响力正在逐年上升，一些明星的穿着或是行为会通过网络快速地引起全球范围的效仿和追随。

生活方式： 生活方式是一套完整的价值输出，将直接影响人们对服装流行的态度，生活方式的改变引发流行的改变。一些服装品牌不愿称自己为时尚品牌，而是自称为"生活方式品牌"，从左图的门店陈列可见一斑。

心理因素

从众心理	自我表达心理	求新心理
个体作为社会群体的一员，有被社群接受的心理需要，这种动因导致个体在受到引导时倾向于和社群的大多数保持相同的选择。这种从众心理在对自身穿着的选择时也倾向于观察大众接受的款式，并从中进行选择。	在社群中体现出自身的独特性，用外观或是独特的服装确立自我独有的形象，是每一个人的内心需要，对自我表达需求特别强烈的人常会成为时尚的发起人或是亚文化的拥趸。大部分人会在追求流行款式的前提下希望款式中有一些与众不同的设计细节。	求新、求变是一种健康的心态，使人们保持对美的敏感、对创意的尊重、对更好生活的追求。当然也应看到在现代社会，消费主义一定程度放大了个人需求，求新、求变变成了喜新厌旧，大量单纯为流行生产出的服装造成大量库存，也加重了环境的负担。

3.3 服装流行趋势 〉 3.3.3 服装流行趋势的形成

流行趋势

商品的销售曲线

纵轴：商品销售量 横轴：时间

引入　上升　高峰　衰弱

服装在现阶段流行风格的持续以及未来一段时期的发展方向称为服装的流行趋势。

流行是处在某一个特定时间点上能被观察和感知到的社会现象。随着时间开始流动，流行必然受到各方面的影响而产生变化。流行变化的方向就形成了流行趋势，流行趋势可以在时间维度上通过曲线的方式被清楚地观察到。

马尔科姆·拉格维尔在畅销书《引爆流行》一书中引用并修改了另一位社会学家的研究，提出了商品流行曲线。该曲线以受众人数（Acceptance-measured in sales volume）为坐标纵轴，以时间为坐标横轴，用图表的方式更加视觉化地概括了流行从形成到消亡的趋势变化。

流行趋势的经典曲线

纵轴：受众人数 横轴：时间

引入　上升　高峰　衰弱

创造者　早期接受者　早期追随者　晚期追随者　滞后者

经典的流行趋势曲线在商品流行曲线的基础上做出变化，主要原因包括：流行是现象而非特定商品，特定商品不再生产，或不再成为流行，但不可能立即离开人们的衣橱。人们一旦在特定时期形成审美偏好，将产生持续性的影响。

风格与短期流行、热潮

纵轴：受众人数 横轴：时间

热潮
普通流行现象
风格

风格在最初诞生时也是一种流行，不过这条流行曲线在经历过最初的高峰后会形成自身特有的一系列视觉标签，受众人群的数量也慢慢稳固。当一种流行经过5年的考验仍有人数较多且稳定的维护人群时，我们认为这种流行将发展成一种风格。

普通流行的周期比较短，跟随流行的产业周期，一段由生产方主导的流行可以维系半年到2年左右的时间。热潮是一种快速出现又快速消减的流行，但能够转化成流行的极少。

3.3　服装流行趋势 〉 3.3.3　服装流行趋势的形成

流行的产业周期

　　了解流行、捕捉趋势、做出尽可能正确的预测，必须紧跟流行服装的产业周期。流行趋势的前瞻最早可以提前 2 年，而即使在成衣上市后流行趋势仍随着消费者的后续行为持续发展，起码在某一时间段和时装产业的产业周期高度重合。下表是以某一趋势主题发源到变成成衣上市，拉开了一条两年的时间轴。

流行趋势与时装工业周期表

· 色彩预测组织如国际色彩行销协会将提前两年开始开发色彩方案。
· 色彩预测师和流行机构会提前 18 ~ 24 个月联系纺纱厂、工厂和品牌公司。
· 零售产品开发团队很快也会开始这项工作。
· 纺纱厂开始纺纱。品牌开始概念开发工作。

· 色彩预测师向零售团队或商人进行咨询。
· 纺织厂、工厂、染坊和化学品公司一定要准备好颜色正确的材料，开始按部就班地为布料展和样本订购做准备。
· 品牌和零售商在布料展会上采购布料。品牌订购布料用于样衣制作，然后将产品开发方案拿给工厂。
· 布料零售团队开始研究并搜集样本。
· 工厂和配件供应商开始按照客户提供的样本进行配色，在得到客户确认以后，开始生产样品（46 ~ 91m），用于样衣制作。

· 品牌公司对样衣进行确认，同时制作所有颜色的销售样衣。
· 零售商制作样衣（虽然品牌一定会制作整个系列的销售样品给零售商展示，但因零售商自己的产品流程时间更紧张，所以会在下订单时就选好颜色）。

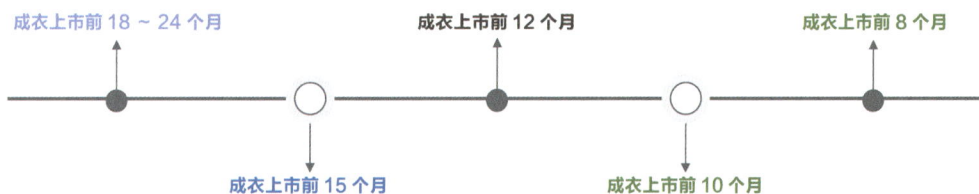

成衣上市前 18 ~ 24 个月　　　　　　　　　　**成衣上市前 12 个月**　　　　　　　　　　**成衣上市前 8 个月**

成衣上市前 15 个月　　　　　　　　　　　　**成衣上市前 10 个月**

· 色彩趋势预测组织（委员会）在样本染色和色卡开发方面向参展的工厂提出建议。
· 工厂如果需要制作色卡或参加布料贸易展览，需要自己开发布料，同时也需要进行样本的染色。
· 品牌开始进行布料研究与样本搜集。
· 零售商开始针对自己的产品进行概念深化。

· 色彩预测师会持续观察设计师、销售商和消费者的喜好及街头潮流，提醒客户注意最新的潮流发展。
· 零售商将产品开发方案送到工厂，供应商尝试进行染色之后等待客户确认，同时也会制造样品用于样衣制作。
· 品牌开始制作样衣。

· 设计师的系列产品可能会影响零售买家在产品和样式方面的选择。
· 色彩预测师在下生产订单前，需要和品牌及零售商见面以确认色彩。
· 经营快时尚产品的品牌因为是在当地或附近进行原料采购和产品加工，同时可以控制物流，所以他们可以在当季 6 个月之前等到设计师的系列产品发布，再开始进行产品开发。
· 品牌将样品拿给零售买家让对方订货。
· 零售产品开发团队会审查样衣，和百货商场的买家及零售商碰面，让对方挑选颜色和款式。
· 品牌、零售商或制造商会下订单订生产面料和装饰配件。在开始生产服装前，需要就配色问题进行再一次确认。
· 快时尚零售品牌会在当地根据设计师的系列产品完成色彩设计、布料选择与样衣开发的工作。

· 检查服装、包装、运输，然后发送到品牌或零售商的仓库等着铺货。
· 快时尚品牌会给某些热销款式追加订单。

★成衣上市前 6 个月　　　　　　　　　　　　　**成衣上市前 3 个月**

成衣上市前 4 ~ 5 周

· 快时尚品牌的产品开始运输，通常情况下会使用自己的物流。

流行趋势预测

流行趋势预测是指在特定的时间，根据过去的经验，对市场、经济以及整体社会环境因素所做出的专业评估，以推测可能的流行活动。专业的趋势预测报告可以帮助从业人员对海量信息进行有目的的筛选，快速地取得自己想要的信息。流行趋势报告需要全面监测市场的动向，从而帮助从业人员完成对市场的初步了解。流行趋势预测能给出设计师更为细致的方向指导，节约开发、生产的不必要成本。

流行趋势预测的分类

流行资讯繁多，这归因于服饰品类繁多，每一个子品类下都有大量钻研的从业人员，趋势预测机构除了观念及色彩预测的部分可以供各个品类人员共同参考外，其余则被划分得非常详细，方便客户按照自己的需要得到相应的资讯。

行业品类划分

配饰	牛仔（丹宁）	针织服装	男装
运动服	鞋类	材料	女装
美容	内衣＆泳装	纺织面料	青少年
色彩	童装	印花＆图形	—

某些小型趋势预测机构专注于某一个品类，如专精于运动鞋，或专精于蕾丝面料。大型趋势预测机构的品类选择非常多，以大型机构 WGSN 举例，其网站上展示了时尚产业常规的 14 个主要的趋势预测服务品类。

按照趋势构成的资讯区块划分

色彩资讯	面料资讯
图案资讯	**款式资讯**

在分工更为细致的大型企业中，每位设计师关注的焦点会更加细致，在进入某个行业品类后还可从以下方面得到更为详尽的服务。

色彩资讯： 色彩决定了消费者对服装的第一印象，因此色彩的选择非常重要，色彩趋势预测也是所有趋势预测中提前量最长的，可以提前 2 年开始预测。所有趋势服务机构都提供甚至免费提供色彩流行的预测信息。

面料资讯： 面料的流行要能呼应色彩，符合成衣的最终风格，面料流行资讯会着重介绍面料的成分、织造方式、手感以及新技术的赋能。具备新功能、合乎新理念的面料是许多功能性服装设计关注的重点。

图案资讯： 图案是服装设计中十分重要的元素，常见主题图案可以从专业会展上购买到版权，一些大型品牌坚持开发独家使用的图案。

3.3　服装流行趋势 〉 3.3.4　服装流行趋势预测

按照趋势构成的资讯区块划分

结构和工艺资讯	搭配资讯

款式资讯：世界各地的时装周展示制作最为精湛的成衣，款式资讯就是对这些资料的整合，以求总结出反复出现且受到设计师和消费者一致认可的款式单品。

结构和工艺资讯：设计师和打样师尤为关注服装单品所暗藏的工艺细节和塑造廓型的手法。

搭配资讯：服装的套系搭配、色彩搭配、服饰配件搭配主要面向消费者，大量出现在时尚杂志上的资讯，对设计开发也极有意义。

流行趋势预测产业

主要趋势预测机构	
专业趋势预测与咨询机构	**色彩管理服务商**
WSGN	Pantone
Promostyl	NCS
Doneger	DIC
InStyle	RAL
产业与行业协会	**时尚内容供应商**
国际流行色委员会	*Vogue*
中国纺织信息中心	*Harper's Bazaar*
澳洲羊毛局	*Cosmopolitan*
美国棉花协会	*ELLE*

　　服装和时尚产业发展至今是一个零售额超万亿的市场，随着整个产业的精细化协作，出现了专门从事流行资讯处理和趋势预测的产业部门。最早可追溯到1825年，商人们利用欧洲和美国的信息差兜售资讯，到20世纪70年代初集中出现了如Pantone、Promostyl、Peclers这样提供色彩服务和趋势前瞻的机构，到今天趋势预测机构已经发展成熟，能够利用信息技术提供更为有效和有针对性的信息服务。

　　左表仅列举目前富有影响力的主要组织。应注意到展会举办方也在积极组织趋势预测的内容。

流行资讯来源：时装周与发布会

四大国际时装周	中国时装周	世界其他时装周
巴黎时装周	中国国际时装周（北京）	东京时装周
米兰时装周	上海时装周	新德里时装周
伦敦时装周	深圳时装周	古巴时装周
纽约时装周	—	南非时装周……

　　流行趋势的研判必须基于对时尚资讯大量地收集与分析，因此获取时尚流行资讯的渠道和效率是做好趋势预测的基础。

　　时装周与时装发布会：浅层的流行资讯是非常透明的，每年的四大时装周按照举办时间，纽约、伦敦、米兰、巴黎将按照春夏、秋冬两个季度举办大型集中的时装发布会。这些发布会的照片和信息会第一时间出现在网络上，在*Vogue*、*Elle*这些时尚杂志的网站上都可以迅速得到发布会的现场高清图片。大部分的秀场视频也会通过品牌官方网站和视频平台展现在大家面前。此部分资讯公开，适合本专业的同学从学习阶段就开始积累相关资讯。

时装发布会又称"秀场"

资讯来源

流行资讯来源：专业展会

CHIC现场的品牌发布活动

流行资讯来源：专业流行资讯供应商

Promostyl提供的资讯画册含有精美的原创手稿

流行资讯来源：市场集群地

实体店调研	面料市场调研

流行资讯来源："网络意见领袖"和街头潮流

"网络意见领袖"（虚拟）：Lil Miquela	街拍时尚

专业展会： 服装从业人员所需要的资讯可以在专业展会上获得。从服装面料、辅料到服装成品的展示都有大量生产商和品牌方汇聚到展会现场。全球范围内最有影响力的综合专业会展是法国的"第一视觉"（PREMIERE VISION）展会，专注于成衣的则是意大利的PITTI IMMAGINE展，大部分的展会经过简单的入场注册都可以参观。会展方也会总结趋势主题，给出简单的趋势报告。在中国，目前"中国国际服装服饰博览会"，简称CHIC，已经成为覆盖纱线、面辅料、服装的综合展览，一般每年的三月和九月在上海举办，秋冬季在深圳也有一次会展，此外还有面向代理商的服装品牌展会"Link China"常规在年中举办。

专业流行资讯供应商： 企业会购买经过流行趋势预测机构专门整理和总结的趋势杂志和趋势手册，或者专业趋势资讯平台的使用权限。收费的服务会给出更有指向性的趋势报告，除了常规趋势主题预测的内容外，还会提供一些款式图、真实面料布样、对往期流行的回顾和印证，以及一些总结数据等。资讯流行网站以其反应速度快，资讯检索便捷以及相对资费经济在中国迅速兴起，目前中国最有影响力的网站是"POP趋势"和"蝶讯网"。

市场集群地： 资讯也应从对市场的实际调查中获得，专业的趋势资讯服务比较昂贵，个人设计师很难负担，因此独立设计师们往往依赖自己对市场的敏锐触觉，从大型面料市场和街头文化时尚中取得灵感。广州的国际轻纺城（又称中大面料城）和绍兴柯桥的面料市场汇集了全国的服装面辅料，并会在店铺中不断展示最新的产品。

网络意见领袖： 或称"KOL""网红"，在网络经济蓬勃发展的环境下，他们对消费者更为直接的消费引导作用引起了服装品牌方的极大重视。一些具有极大影响力的"头部网红"出现在时装发布会现场，还有一些已经拥有自己的时尚品牌，他们代表了流行趋势演变的新方向。

街头潮流： 街头潮流的兴起给了更多年轻人展示自我的空间，如北京三里屯、成都太古里都是知名的街拍胜地，也是街头潮流的观测点与风向标。

流行趋势板

　　流行趋势报告一般是通过一张或是几张的趋势板来展现的，以图片为主，少量文字为辅。根据趋势报告主要内容的不同，以及趋势预测机构的不同，趋势板也不尽相同。以某季女装趋势为例，主要包括以下6个部分。

概念主题

概念主题： 通过简明的文字阐述主题的意义，主要从观察到的文化现象、社会思潮反映人们对服装的新态度。一套完整的趋势报告经常包含4~5个主题。左图中的一整套趋势报告中含有4个主题。

灵感板

灵感板及主题阐述： 一组带有叙事性和启发性，且能够呼应流行色标的图片叫作灵感板。灵感板在于传导概念性的启发，而不是具体某一细节。主题阐述要能对稍显抽象的简要主题做展开的诠释，引入图片和文本间的联系。

流行色及带有可传播色号的色标

流行色及带有可传播色号的色标： 流行色是所有细分趋势的启发部分，不同趋势板之间某两个相似的流行色有可能只差别几个色阶，因此准确地使用再现颜色以及色彩应用的组合方式和比例都非常重要。

建议面料

面料趋势
*Fabric
Trend 1*

手工编织面料

面料趋势
*Fabric
Trend 2*

高密度透纱

建议面料： 此部分应主要用图片体现，辅助文字。同样的颜色和不同的面料组合将表现完全不同的风貌，因此描述面料成分和体现表面质感是此部分的重点。

关键款式

款式趋势
*Style
Trend 1*

超短款西装外套

关键款式： 在此部分应有足够多的来自不同品牌或资讯来源的图片案例，在款式大类上应给出更为细致的指导。如包臀裙，应展开描述为"夸张腰头设计，长及脚踝的鲜艳包臀裙"。在关键款式方面更应注意在一个趋势板中出现的几个关键款式应可以组成配货套组，而非不成体系。

关键工艺细节

细节趋势
*Details
Trend 1*

镂空处理

关键工艺细节： 要有放大的、足够细致的图片来体现一些设计细节，如流苏、挖镂设计、荷叶、不同形态的皱褶等。大量的图片案例同样是必要的，且图片案例必须来自最新一季。

服装廓型与结构线

服装款式泛指单件服装的整体外观，时装品牌或零售商每年至少两次向消费者展示新款式。服装款式设计的基本要素包括廓型、分割结构、构成元素、材料、色彩、工艺细节等。

服装廓型

A型	H型	箱型	O型

T型	V型	X型	Y型

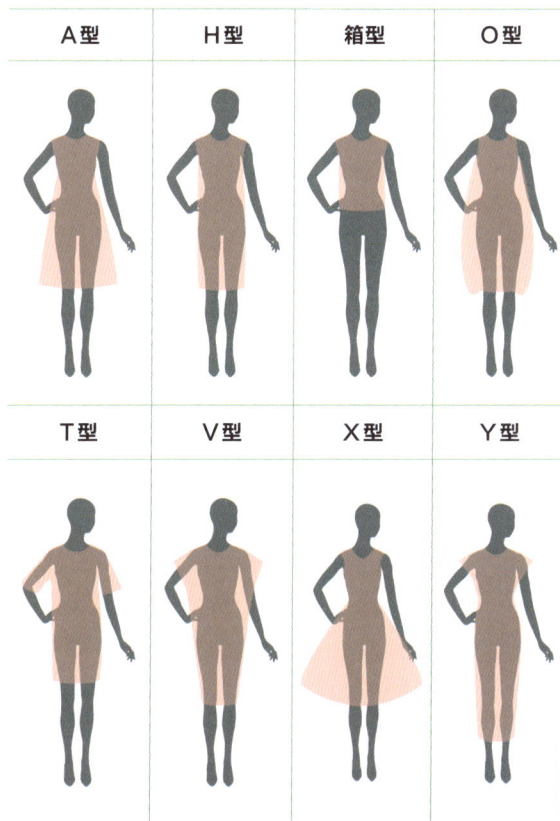

服装廓型是指服装从整体外轮廓上给人的初步印象，廓型的变化从根本上影响着服装款式。最初是对单件服装的描述，目前延展到对整套搭配的外轮廓概括。

法国著名的设计师克莉斯汀·迪奥在20世纪50年代的一系列连衣裙的发布中提出了字母廓型的概念。此后在时装行业中用字母的概括加上LINE来表示某一廓型，如"A-Line"表示这件或这套服装的廓型是A型。

A型： 强调下摆，从肩部到下摆逐渐放大。如果下摆更为夸张则称为"帐篷型"。

H型： 通常以肩宽为准将人体修饰成一个上下等宽的长方形。

箱型： 一种经典廓型，上下等宽。同H型相比更短，稍合体一些。

O型： 又被称为"茧型"，整体呈现圆润、宽阔的廓型，能够掩盖身材本身的曲线。

T型： 强调了袖子的存在感，当宽大的袖子搭配直身轮廓，总体呈现字母T型。

V型： 和A字型相反，下摆收紧至刚好供人行走，将肩部夸张、放宽，显得坚定而有力量感。

X型： 将腰部收紧而放出下摆，是最为强调女性性别特征的廓型。掐紧腰部且更为贴合臀部的被称为沙漏型。

Y型： 强调肩宽，腰臀紧窄，和V型同样上宽下窄，但是多出一个层级结构。

结构分割

公主线	袖窿线（常规）	袖窿线（落肩）

袖窿线（插肩合体）	袖窿线（蝙蝠袖）	袖窿线（约克式）

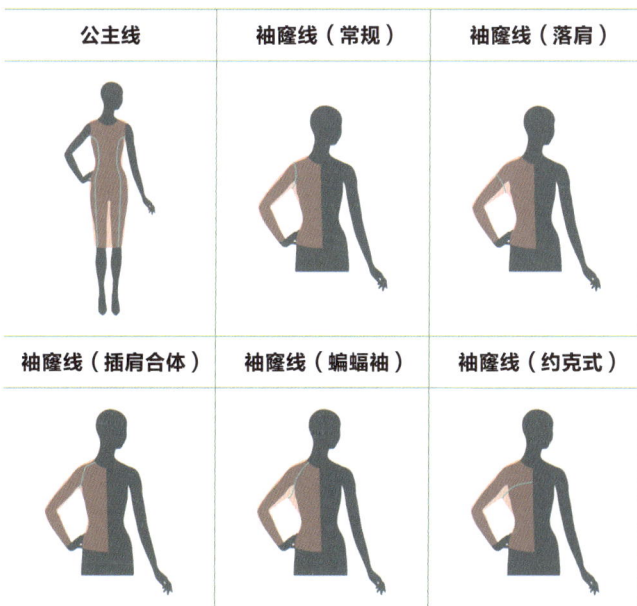

服装，特别是机织服装，是由一片片的面料拼接而成的，面料的缝合如同雕塑的过程，配合面料的质感塑造出不同的服装廓型，也在服装表面留下缝合的痕迹。对于服装款式而言，衣片的分割结构是促使其产生变化的重要因素，且不仅作用于廓型，也会对服装风格、细部的造型、服装的舒适度和合体度产生影响。

公主线： 沿腋下、靠近或经过胸高点、往腹部中心倾斜，再过腰线后往两侧偏出的分割线被称为公主线。在合体女装的设计中，公主线是最为经常出现的分割结构，容易塑造出拟合女性完美体态的服装效果，因此被广泛使用。

袖窿线： 决定了袖子和服装大身的联结方式，也会影响穿着者的穿着体验，如插肩袖的分割设计就常常被应用于运动上衣，方便手臂大范围的活动。

褶裥

对服装整体外观的各种塑造方式产生了多样的服装外观，造型是塑造最终外观的手段，除了服装裁片产生的分割结构之外，还有许多细部的造型手段可以控制面料的最终效果，如褶裥、省道、面料归拔等手法。

褶裥

碎褶	抽褶
塔克褶	锁褶

倒褶	箱型褶	暗褶

刀褶	风琴褶

为了贴合人体或服装造型的需要，将衣片上进行堆叠、抽拉后产生的表面效果叫作褶裥。褶裥可以按褶裥的大小分成细褶和宽褶，也可以按褶裥形状是否会改变分为定型褶或无定型褶。

碎褶： 碎褶在小面积对衣片造型的改变很小，因此常常大量连续地被使用在服装上。此种褶皱一般通过缝纫机的特殊压脚来实现，起褶的衣片和平伏的衣片拼合时，起褶的衣片被更多地送入针口，呈现细碎的褶皱，常被用在连衣裙腰部和裙身衔接的部分，呈现自然膨起的外观效果。

抽褶： 抽褶需要配合抽绳或橡皮筋使用，在运动休闲装的腰头、袖口等处常见。

塔克褶： 用专业的缝纫压脚沿着面料折边处宽2mm左右的位置将褶固定，并重复多次这样的操作，产生平行排列的褶。

锁褶： 需要使用特殊的缝纫设备，使用类似刺绣的工艺，在面料表面固定出几何图案的细小褶裥。

倒褶： 褶裥的折叠量向一个方向堆叠。

箱型褶： 一种对褶方式，先确定褶的中位线和褶宽，之后将褶宽等长的衣片折入褶的下方，从侧面看类似"凸"字的上半部分。

暗褶： 和箱型褶对应的对褶方式，在外观上呈现"凹"字型，先确立褶的中位线和褶宽，之后将褶宽等长的衣片对折在中位线的上方。暗褶常被用在外套背面。

刀褶： 数个等量的倒褶以略大于褶量（但一般小于二倍褶量）的间距排列。

风琴褶： 面料平铺时连续的褶通常呈现等长的表面起伏，设计师一般会直接使用已经有风琴褶表面外观的面料来进行服装设计。

3.4　服装款式设计 〉 3.4.2　服装造型手法

省道与定型

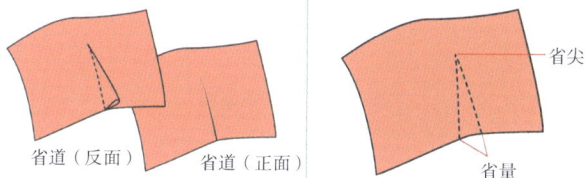

省道是最常用的造型手法，特别是人体的起伏细节，需要通过省道来对面料进行"雕塑"，将多余的布料折叠缝合起来，可使服装更符合人体的自然曲线。

一个省道在未完成缝合时可以看见省尖和省量，缝合后在服装表面仅余一根干净的线条。省尖围绕人体的凸点或造型的凸出点，而收掉的量是人体凹陷处多余的面料。

省道的造型

省道（反面）　省道（正面）

省尖

省量

省道的类型

肩省　后颈省

胸省

腋下省

前腰省

后腰省

•A •A

•B •B

•C •C

•D •D

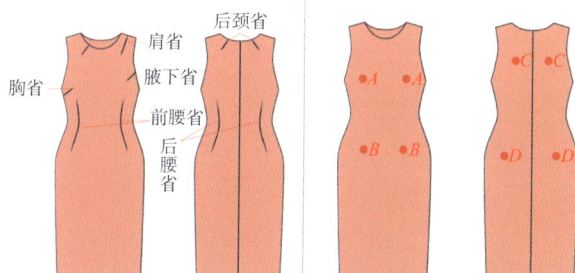

女装前片的省道类型，根据位置可分为胸省、颈省、肩省、腋下省（袖窿省）、前腰省、后腰省，图中线条及线条的附近都可以设计省道，但最后的前片上身的省尖点应指向胸高点A。下身前片的省尖点指向前腹凸点B。衣身后片的省尖点指向肩胛骨凸点C。下身后片的省尖点指向后臀凸点D。

以上是比较常规的省的位置和指向，对于设计师来说，非常规部位的省道可以人为地在衣片上塑造起伏。

省道转移的方法

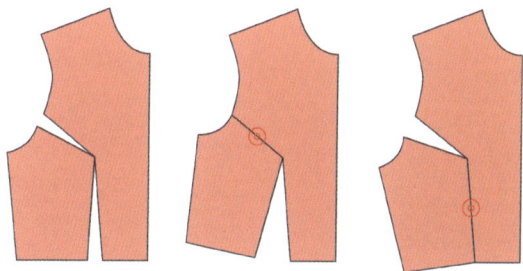

通过省道的变化和转移，可以在服装的表面对省道进行位置的移动或者消除。常用的手段有两种：

旋转法：一般对准省尖点所在的位置旋转纸样的相关部分，在原省道并拢消失的同时，新的省道将在其他位置产生。

剪开法：复制一份原样板，在上面标记新省道的位置后剪开新省道，合并原省道，样板完成后省道将位于新位置。

归拔和烫压定型

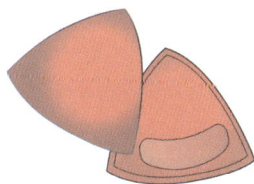

内衣插片	带有定型垫的自行车骑行裤

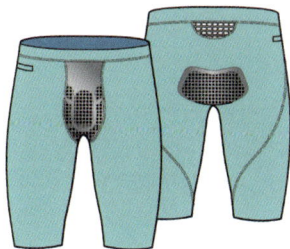

纯羊毛或羊毛混纺面料上也利用织物的伸缩性进行归拔塑形，通过熨烫时对面料进行一个方向的推压来达到轻微改变面料表面起伏的作用，先使用蒸汽归拔，再干烫面料使织物重新定形。在手工定制西服时常常使用这一方法，处理后的腰部、肩部和胸部线条会更加柔和地接近身体曲线。

例如，女士文胸、拳击防护裤等有特殊凸起的服装结构，在当代已经不仅依靠衣片的分割，而是有专业的模具烫台来塑造人体保护部位处面料表面的特殊形状。

3.4 服装款式设计 > 3.4.3 服装局部造型

西服领·衬衫领

相对于服装整体廓型的把握，服装的各个部分都可以进行更为细致的变化。对领、袖、下摆等服装单独部分的造型有许多选择，其中，女装的细部造型尤为丰富多样。近年来随着中性设计风格的流行，许多男装也会引用女装的设计细节。

男士西服领口设计

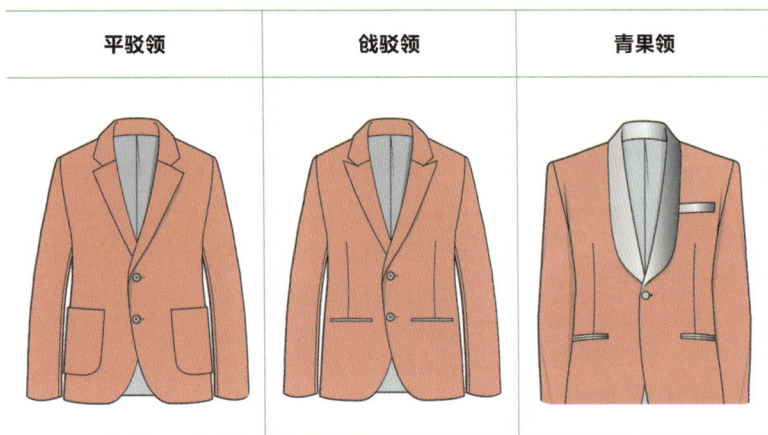

平驳领	戗驳领	青果领

平驳领： 驳领的领面和驳头相接的驳口线是一条直线，驳头平指或下指，造型给人感觉比较温和。

戗驳领： 驳口线是一条"∨"字的折线，驳头向上指，显得十分精神。

青果领： 顺直而修长的领型，边缘完全是弧线，一般用在晚宴场合。

男士衬衫领设计

标准领	纽扣领	温莎领
伊顿领	立领	翼尖领

标准领： 最为常见的衬衫领款式，左右领尖的夹角为90°左右。夹角角度居中，可以搭配各种领带，适应多种场合。

纽扣领： 在标准领基础上，于靠近领尖部分加了对称的纽扣，让领口可以固定在衣身上不起翘；在美国较为流行，也被认为是休闲衬衫的款式细节。

温莎领： 左右领尖的夹角很大，大概有120°~180°，极大的开角可以搭配领带，也可以搭配领结、领巾。

伊顿领： 又叫圆角领，将衬衫的尖角改圆，适度加大领尖夹角，源自伊顿公学校服，有学院风格，受到年轻男性的青睐。

立领： 西方人从中式服装中得到的灵感，领座上接窄而挺立的领身，翻立领是它的近似变形。

翼尖领： 在立领的基础上，靠近门襟部分有两个下翻的装饰小领，适合配合领结穿着。

衬衫袖口·领线

男士衬衫袖口设计

单扣式	双扣式	圆头式
倒角式	法式	那不勒斯式

单扣式：最常见的类型，扣眼横开在袖口宽度居中位置处。

双扣式：袖头较长的设计上使用双扣式，可以向上翻折变成单扣式。

圆头式：袖的两端都做了倒圆角的设计，给人休闲放松的感觉。

倒角式：是圆头式的变化款式，唯一区别是底部改为较为锐利的切口状。

法式：法式袖口是男士衬衫中最为正式的款式，袖口长度是普通衬衫的两倍，翻折后可以折叠起来，用袖扣固定。

那不勒斯式：有些类似加长的倒角式，也是一种翻折式袖口，由两粒纽扣固定，又称鸡尾酒式。

女士领线设计

圆领线	U 型领线	V 型领线
方领线	一字领线	落肩领线
心型领线	安娜皇后领线	斜领线

圆领线：环绕着颈围线外缘，比较贴近颈围线的领线。

U 型领线：同样是圆弧形的外缘，下缘下探到胸部上方。

V 型领线：从两边肩部开始的直线在胸口交汇成的 V 字领线。

方领线：从两肩侧下挖一个方形，露出锁骨。

一字领线：领线很宽，但是开的下缘不高，紧贴锁骨以上。

落肩领线：领线外缘从肩部开始，在肩部交汇。

心型领线：沿着女性胸部的上缘勾勒出的领线，像心形的上半部。

安娜皇后领线：在心形领线的基础上使用绕颈的薄纱辅助。

斜领线：不对称的领线设计，以一边肩膀支撑服装的披挂。

女士领型

女士领型设计

衬衫领	立领	两穿领
拉夫领	约翰尼领	切尔西领
彼得潘领	翼领	瀑布领
绉边领	克鲁领	海龟领

在领线设计的基础上加上领座、领面和饰片。领型变化多样，此处仅列举经典的类型。

衬衫领：参见男士衬衫领的经典款和温莎款（女装的门襟开口方向和男装相反）。

立领：参见男装衬衫立领（女装的门襟开口方向和男装相反）。

两穿领：一种扣子全扣上是衬衫领、领子解开后是小驳领的领型。

拉夫领：和立领相似，在领座上将领身换成向上竖起的抽褶面料或荷叶装。

约翰尼领：在小Ｖ领领线上装置类似衬衫领的翻领，一般没有领座，不设前门襟。

切尔西领：在小Ｖ领领线上装置细窄修长的翻领，一般没有领座，和前门襟配套。

彼得潘领：彼得潘是童话中的著名角色，代表童真，因此这种服帖而圆边的小领子被称为彼得潘领，又或是花瓣领。

翼领：一般应用在垂软面料上的舒展的翻领。

瀑布领：沿领缘线装饰有悬垂的装饰领片，呈现多层流畅的线条。

绉边领：将领座和丝巾装饰结合在一起的领式，如果前领部分加长可以打蝴蝶结装饰。

克鲁领：针织衫的基础领型，双罗纹紧贴脖颈线的窄领。

海龟领：一般用在针织衫上，一种翻折的高领。

女士袖型

女士袖型设计

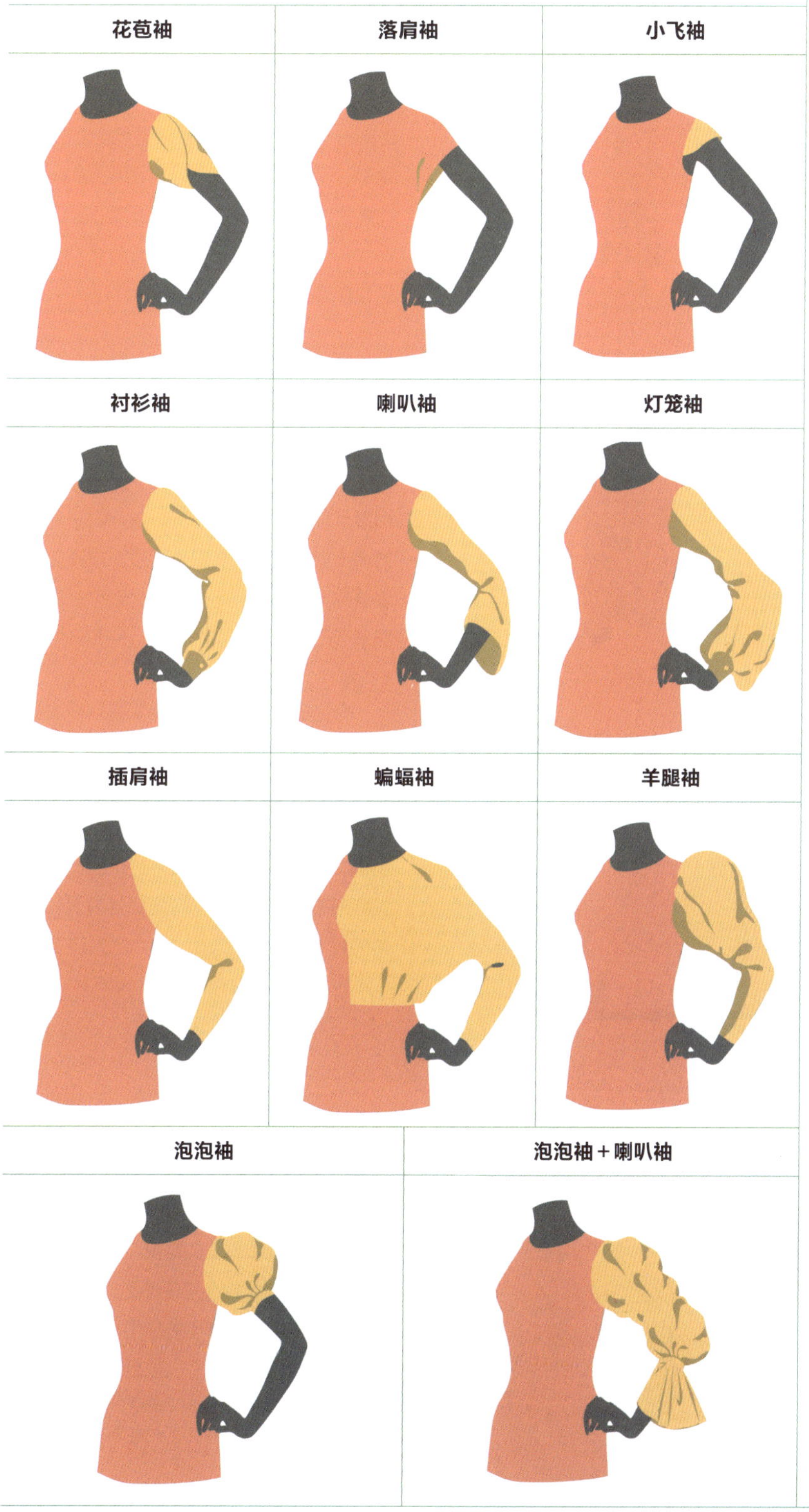

花苞袖	落肩袖	小飞袖
衬衫袖	喇叭袖	灯笼袖
插肩袖	蝙蝠袖	羊腿袖

泡泡袖	泡泡袖+喇叭袖

女士袖型变化繁多，此处仅列举一些经典款式。

花苞袖： 一般为短袖，包裹式的袖体在外观上呈现花苞状的效果。

落肩袖： 一种短袖样式，沿着袖窿线稍微扩出面料，特别沿肩线加长盖住上臂肩部。

小飞袖： 一种短袖样式，在袖山部分装有弧形的接片。

衬衫袖： 常规袖型，宽窄合宜，有袖克夫。

喇叭袖： 上臂比较合体，从肘部向外放量袖片的袖型。

灯笼袖： 有袖克夫，袖子的小臂部分放量，但在袖口部分收紧。

插肩袖： 在针织衫和运动服中常见，从领口一直分割到腋下。

蝙蝠袖： 腋下相当宽敞的袖型，一般没有袖窿，直接和衣身分享活动量。

羊腿袖： 一种肩部宽松、小臂处收紧的袖型。

泡泡袖： 在肩部膨起的袖型，一般通过在袖山部分堆叠褶皱创造具有体积感的轮廓。多层褶皱的泡泡袖又被称为玛丽袖。

袖型之间可以互相结合，从而衍生出各种不同的变化，参见左图泡泡袖结合喇叭袖的变化，袖的结构分割也会给相同袖型以不一样的效果。

款式图·效果图

效果图

描绘着带有形体穿着效果的服装效果图，往往是人们想起服装设计师的第一印象。服装效果图能够形象地表达出穿着的理想状态、廓型和色彩，是设计效果的直观表达方法，但因为无法准确表达细部工艺以及绘画时间缓慢的原因，设计效果图多被使用在高级定制服装设计、礼服设计、高级成衣设计中，以及设计竞赛的竞稿环节（左图为学生作品）。

款式图

款式图类似将服装平铺或穿着在透明人体中的状态，在服装生产中，款式图是设计师和打板师、工艺师沟通的主要手段。绘画时应当表现出款式图的正、反面。在款式图中重点是再现准确的廓型、衣片的分割、工艺的细部。款式图通常配合生产单被使用在服装生产的各个部门，休闲运动装、童装和男装部门通常只要求款式图，不要求效果图。

数字模拟表现

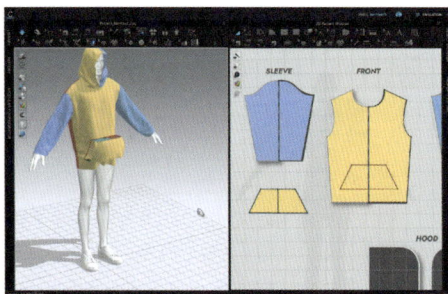

有许多曾经服务于传统服装软件的软件公司都开始开发模拟试衣功能，目前世界范围内比较有影响力的是CLO 3D，用专门的服装打板软件做出样板文件导入CLO 3D后能实时出现该款式服装在虚拟人物身上的实际形态穿着。此方面国产软件技术较为成熟的代表是凌迪Style 3D，此外还有图易三维创样、PGM三维虚拟试衣等。

时装插画

早期时装插画	当代时装插画

时装插画在诞生伊始承担着产品手册的功能，对细节、色彩和廓型的还原都要求忠实于真实存在的服装。插画师还必须负责给服装进行模特和场景的搭配。20世纪30年代，随着商业摄影的逐渐普及，时装摄影取代了时装插画的视觉传达作用，时装插画逐渐变成商业插画的分支，但是许多非专业人士常把服装插画和服装效果图混淆。

色彩原理

　　服装色彩是通过面料的质地和印染的方式来综合体现的。人们对色彩的看法和描绘是带有主观色彩的，成熟的色彩与图案应用结合了理性与感性，因此对于通过服装来传递色彩的成衣工业而言，需要一套具有共同标准的语言，建立科学系统的表达方式。

色彩的呈现模式

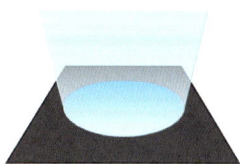

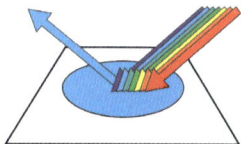

　　颜色是人眼对于不同波长的可见光所产生的视觉效果。某种波长的光进入人眼，使我们看到颜色，其中又分为加色和减色两种模式。

加色模式

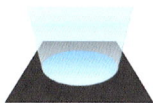

　　所有自发光体的显色模式都是加色模式，譬如太阳、灯泡、电子显示器。当发光量达到最大的时候呈现混合的最终结果——白色。

　　RGB色彩混合就是加色混合模式，R（红光）、G（绿光）、B（蓝光）发光量达到最大的时候呈现白色。

减色模式

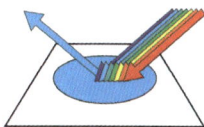

　　对于所有的不发光体，它所呈现的颜色都是在减色模式下所形成的，包括服装面料和人体，其采用的都是减色模式。在有外界光源的环境中，我们看到的任何不发光物体的颜色，都是由外界光减去被吸收的光而反射到人眼的部分。印刷色混合模式基于此种模式，印刷色CMYK包含青色、洋红色、黄色、黑色。理想状态中，三色叠加，所有光被吸收应呈现黑色，但由于黑色使用量大且仅靠色料叠加色彩不纯，因此在实际的印刷或染色中，黑色一般使用专门的黑色色料。

RGB 与 CMYK 的对比

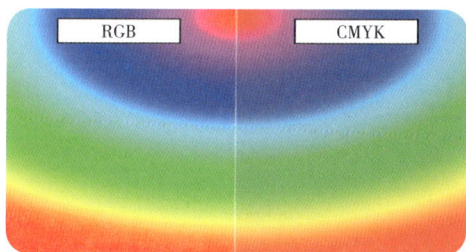

RGB　　　　　CMYK

　　服饰的色彩是以面料和其他辅料作为载体，通过印染方式呈现出来的，以印刷色为基础。随着网购的普及，服饰在显示屏幕上的呈现方式却是以加色模式为基础的，印刷色的色域和鲜明度都不如显示器呈现的RGB色彩，这一点作为服装设计师必须了解。

3.5　服装色彩与图案设计 ＞ 3.5.1　色彩基础

色彩体系

孟赛尔色彩体系

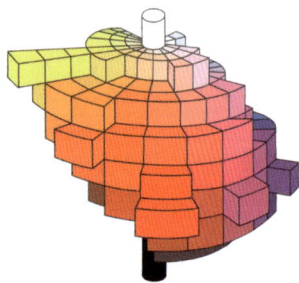

色相与色环

纯度

明度与无彩色

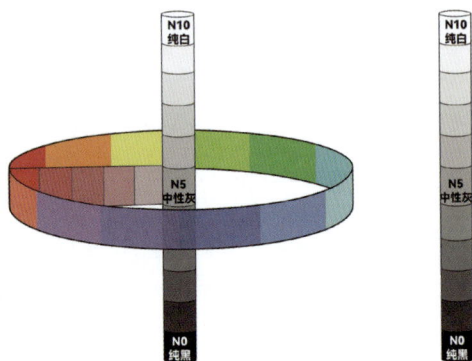

孟赛尔色彩体系（Munsell Color System）：是目前使用和接受程度都较广的色彩体系，该体系系统地在三维空间中表达了颜色的关系，在空间上呈现一个海螺状的色彩立体模型。每一种色彩在该体系中都有具体的坐标位置，实现了色彩的准确定位和传播。使用HSB来描述色彩的方式就是基于孟赛尔色彩体系。HSB分别代表了该色彩体系的三大锚定数值：色相、纯度、明度。

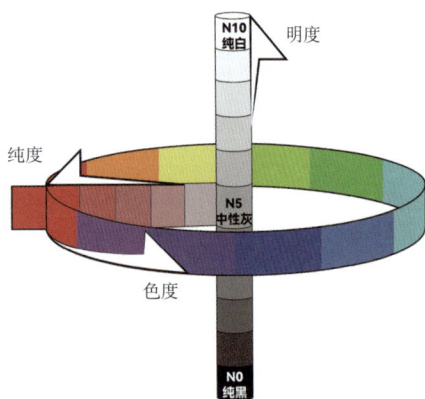

色相（Hue）：是用来描述纯光谱色的术语，也是光谱色的名称，如红、橙、黄、绿、青、蓝、紫。光谱指的是按照色彩的波长顺序进行排列的一系列色彩，是由英国科学家牛顿使用棱镜片把太阳光分解后进而被人观察到。色相在孟塞尔色彩体系中表现为经度的位置，被分为10个主要区间。

自然界中可以观察到的纯色相之间的有序衔接就是彩虹现象。包豪斯艺术家与教师提出的色彩理论制作的色环到目前还作为色彩教育的基础，包含最为常见的12种色彩将色谱从头到尾衔接成一个闭环。孟塞尔色彩体系以色相环为基础平面，向上下、向外延伸，借助明度和纯度衍生出一个色彩的三维空间，并对色彩进行了细致的标注和划分。

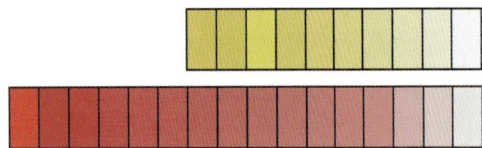

纯度（Saturation）：在孟塞尔色彩体系中表现为距离中心轴的位置，其数值从中间（0）向外随着色调的纯度增加。纯度越高，给人的感觉越艳丽，越低，越接近灰色调。对不同的色相，人能够分辨与感受到的细微区分也不同。红色波段是人眼最为敏感的波段，而黄色波段则不敏感，这也是孟塞尔色立方呈现偏心球体的原因。

明度（Brightness）：表示在色相相同的情况下的明暗区分。同一个色相的颜色加入的白色越多，颜色越明亮，加入的黑色越多，颜色越暗沉。在孟塞尔色彩体系中表现为南北轴的位置，在该体系中又被称为色值（Value）。

无彩色：黑色以及到白色中间渐变的所有灰色是无彩色，它们没有色相，又被称为中性色，呈现了单纯的明度阶梯关系。无彩色组占据了孟塞尔色立方的中轴线位置，从纯黑（N0）到纯白（N10）分为11个明度段，居中的灰色（N5段）被称为中性灰。

色调·色温

色调

红色调	蓝色调	黄色调

高饱和色调	低饱和色调

浅色调	中色调	深色调

色调： 是对某组颜色的粗泛归纳，用来描绘色彩外观的特征与倾向。从色相角度分可分为红色调、蓝色调、黄色调等。从纯度角度分可分为高饱和色调、低饱和色调。从明度角度分可分为浅色调、中色调、深色调。

色温

感官认知色温

物理色温

↑2000K   ↑3000K   ↑4000K

色温： 大众普遍认知的色温是颜色从视觉上给人带来的主观感受。一些颜色属于冷色调，如绿色、蓝色。红色和橙色让人联想到太阳光和火，又被称为暖色。色彩组给人的整体感受要取决于配色方案。不同的面料基质也会给人不同的色彩感受，光滑的丝绸配合蓝色会让颜色更加清爽，粗糙的毛呢使用蓝色也会让人觉得温暖和稳重。物理学上定义的色温是指绝对黑体在被加热呈现不同颜色时所对应的温度（单位 K），和视觉认知刚好相反。例如，火焰在温度极高时呈现青白色，此时的色温是高于给人感觉温暖的橙红色的。

配色原则

服装配色方案

服装色彩的表达不能脱离环境、面料材质和穿着者而存在。色彩和色彩之间也会在同一件服装、同样的面料上产生比较和碰撞。将服装色彩进行搭配会给人完整的色彩感受和体验，这样的色彩组合叫作服装配色方案。

色相对比

同类色	类似色

邻近色	对比色	互补色

色彩的对比是组成配色方案的基础，一般指两色的相互关系，包含色相、面积与位置对比，色彩肌理对比等。

色相对比： 对比的效果和强弱取决于色彩在色相环上的角度关系。

同类色指在色环上间隔15°以内。

类似色指在色环上间隔15°～50°。

邻近色指在色环上间隔50°～90°。

对比色指在色环上间隔120°～180°（不含180°）。

互补色指色环上直径两端的颜色，相对角度呈现准确的180°。

面积与位置对比

在色彩三要素组成的对比之外，色彩在服装上出现的具体状态会对整体服装效果产生影响。一些对比鲜明的色彩也会因为面积的悬殊而得到调和。

图例中同样的棕黄色在不同的位置、不同的明暗面积的对比下给人完全不同的视觉感受，属于色彩视错觉设计。巧妙利用色彩面积和位置的对比可以增加有色面料，特别是印花面料的视觉效果。

色彩肌理对比

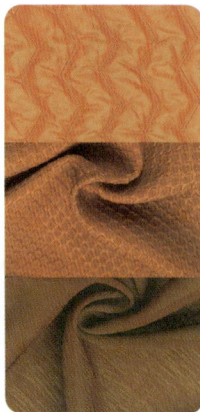

根据色彩附着的服装材料的不同，相同的色彩会在本身色值的基础上变得更加柔和，如毛纺织物。同一色彩会在光环、带有反光的面料上显得颜色浅一些。轻薄的面料呈现半透明的效果，因此会受到背景颜色的影响。

左图例中，相同的暖橘色呈现最为准确的是中间的提花锦缎，上面的尼龙缝绣面料相对浅淡，而底部的雪纺绉布则显得饱和度稍低。

常规配色方案

单色配色方案

	对比类似色配色方案

多色配色方案

邻近色方案	互补色方案

分散互补色方案	三色系配色方案

双分散互补色方案	四色系配色方案

单色配色方案是将色相相同，但在色调和明度上存在差别的数种色彩结合在一起构建的方案，由于是从同一个色相中衍生而来，因此容易让人觉得和谐统一，也易于掌握和接受。请注意和类似色配色方案的异同。

多色配色方案充满了色彩的对比，服装或图案设计师利用色轮直观地观察到各种多色配色方案的规律。

邻近色方案：和单色配色方案最为相近的是邻近色方案，在色轮上角度相近的色彩在色彩的变化上更为细腻，但是很容易和单色配色方案混淆。

互补色方案：在色轮上呈现中心对称的两种色彩组合的方案，有红色和绿色、黄色和紫色。互补色方案呈现极端的对比效果，因此色彩专家会通过调整色彩的浓度和纯度的方式，让这些方案在服装上显得更具有可行性。

分散互补色方案：一般会使用一种色彩和另外两种色彩。这两种色彩是第一种色彩的互补色两侧的颜色，这样的色彩方案展现出更多的细微差别，创造出更为有趣的色彩组合。

三色系配色方案：一般此种方案使用的三种色彩在色环上的彼此距离是相等的，呈现等边三角形，这样的色组容易给人感觉稳定而和谐，通过中性色的加入会使三色方案产生更多变化。

双分散互补色方案：又称四色系配色方案，在这个方案中，两种互补色两边的色彩可以用X型连接起来，形成多彩丰富的视觉印象。

四色系配色方案：在色环上呈现出一个正方形，当然些许的偏差如梯形的呈现也是可以被允许的。在这种情况下，如果色彩的使用比例相同会让方案看起来没有重点，因此应该选择某一个颜色扮演主要角色，另外的色彩会在明度上做调整。

3.5 服装色彩与图案设计 〉 3.5.3 色彩的视觉心理

色彩心理

色彩与标识

医疗废弃物标识	禁止停车标识	道路环岛标识

在自然界或日常生活中，物质的固有色彩让人对色彩产生了心理联想，色环上的主要颜色通常已经成了某一种心理状态的象征。某些色彩给人带来的温度上的感受不同，体积上的感受不同，从而对人产生的心理状态的影响也不同。一些色彩被用来作为警示、提示标识的底色，已经受到世界范围内的认可。例如，黄色代表危险、红色代表禁止、蓝色代表普通提示。

色彩与心理反馈

红色	热情、爱情、危险、激进、疯狂
橙色	冒险、温情、活力、新鲜、效率、警戒
黄色	明朗、稚嫩、抚慰、极度危险、猜忌、怀疑
绿色	和平、安详、独立、自然、不合群
蓝色	平静、宽容、冷淡、忧郁、冰冷
紫色	高贵、不近人情、神秘、诡异、怪诞
白色	明快、单纯、圣洁、冷淡、枯竭
灰色	谦虚、平和、融合、中庸、压抑、凝重
黑色	权威、距离感、谦逊、神秘、冷酷

人们对于色彩的常见心理反馈如左表，但服装设计师的作品应根植于设计对象的当地文化。例如，在我国，正红色通常代表喜庆，而对于一些国家，红色则象征着血腥与不祥，要考虑各国、各地区的禁忌用色。但也可以巧妙地利用人们对色彩的通识来设计服装，如夜间跑步服的设计，就会穿插使用高反光材料和明黄色的警戒色。

3.5 服装色彩与图案设计 〉 3.5.4 色彩的管理和传递

色彩管理

设计专业人员会使用纸张、照片和自然艺术品来制作色彩方案，但色彩方案一定要能转化成标准而真实的布样。色彩有可能在传递之中会出现微妙的变化，从而对生产带来不可控性，因此出现了专门的机构来管控色彩的管理和传递。

色彩管理

面料色样

服装业在进行色彩沟通的时候，考虑到色彩在不同面料肌理上的不同表现，一般由面料供应商提供某种面料的色样。如果服装设计师有特定需要的色彩而不在现存的色样上，则需要根据设计师给予的色彩资料另外打样。

色彩管理机构

国际流行色协会	潘通公司
Intercolor	**PANTONE**®
中国流行色协会	**瑞典自然色彩系统**
CFCA	**NCS**®

为了将信息准确地传递给纱线、布料生产商和染色厂，目前大多数服装品牌和零售商会使用数码和电子色彩表达工具，在供各个供应链的环节上可以精准地对色彩进行分享。目前最负盛名的色彩管理公司包括潘通（Pantone）、瑞典自然色彩系统（NCS）等，这些公司编制自有的色彩编码体系，为顾客提供色彩传递、预测、搭配和管理服务。中国自有的色彩管理机构是中国流行色协会，同时也是国际流行色协会的理事会员。国际流行色协会在世界范围内采撷流行色彩和发布色彩趋势，在专业领域具有极大的影响力。

色彩的采集

便携式色彩采集器

随着色彩系统的完善和电子光学系统的发展，目前色彩已经可以经由随身携带的仪器进行采集，将色彩采集器在所需要采集色彩的物品处稍作停留，就可以得到色彩的数据，包括色彩的 HUB 值、RGB 值等。专业的色彩管理机构所使用的仪器可以马上显示对应的色号，色号概念见"色票"。

色票

全色系色票	单色色票
INDEX	**COLOR VALUES:** **RGB** 119 186 190 **HEX/HTML** 77BABE 色彩数字化参数 色彩小样 **PANTONE** **14-4818 TCX**　色彩编号（公司/机构自编） **Amazonite**　色彩名称（公司/机构自命名）
棉布介质色票	

色票是一种实体的色彩小样，可以作为专业人士随手使用的色彩词典，由不同的色彩管理机构（公司）印发。色票上的色块都是色彩管理公司经过对比和认证的颜色，准确地打印在纸质或者小块的棉布介质上以便于进行色彩的比对和传播。对于服装生产而言，因为面料呈现的色彩是减色模式，因此先期常使用色票确定颜色，后期则使用电子色彩表达工具进行分享。以潘通公司的色票为例，单个色票包含准确被印刷介质还原的色彩、该公司的色彩编号（色号）和色彩在色彩系统中的数值，如在电子色彩系统中的 RGB 值和 HEX 编号、印刷色彩系统中的 CMYK 值等。

色彩预测

色彩的判断和校准

校色灯箱

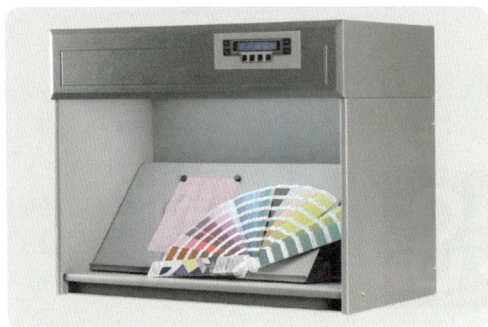

服装行业中，常使用校色灯箱进行物料色彩的校准。面料供应商将根据服装设计稿中指定的面料色彩提供至少三个近似色的打样面料样品。服装生产商将人工对面料进行色彩判断，将面料铺在校色灯箱上，校色灯箱的高显色光源、中性灰背景和半封闭环境将准确地显示面料的色彩。在校色灯箱中将面料样品和色票进行比较，从而确定最终需要的物料，并判断面料的色彩呈现是否合格。校色灯箱一般提供色温不同、明度不同的可变光源，专业的色彩校准需要在不同光源环境下采集多组数据。

色彩趋势预测

直觉预测

市场调查预测

色彩趋势预测一般是由色彩管理机构和流行趋势预测机构提出。目前国际上对服装流行色趋势预测的主要方法分为三大类：一类是以欧盟为代表的直觉预测法；二类是以日本为代表的市场调查预测；三类是以数学模型与计算机技术相结合的预测方法。以这三类方法为中心，其他各国都不同程度地提出了符合自己实际的流行色预测理论和方法。

色彩趋势提案

色彩趋势预测处于整个时尚预测的最前端，一般提前于系列成衣上市前两年就可以开始相关概念和色彩的预测。我国流行色协会在参与国际流行色协会趋势预测的同时采取相同的预测方法，以分别提案、会议讨论表决的方式研判色彩流行趋势。专业的色彩趋势提案保持和上游厂商的良好互动，在提案中往往搭配有推荐色组的面料色样或印刷色票。

预测机构已经推出具有大数据支持的流行色研判，表现出对市场极强的机动性。

图案的形式美法则

图案的形式美

骨式

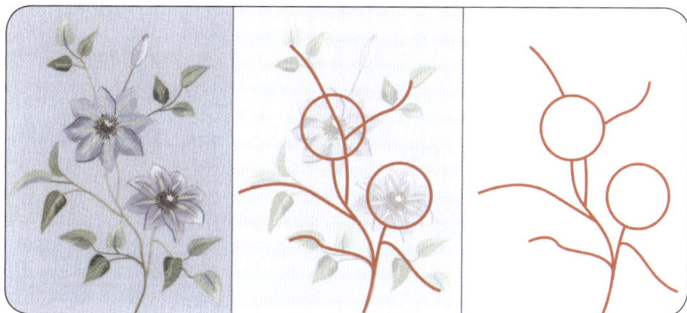

骨式： 又称骨形，是图案的最基本的构成型式，是构成图案的元素进行排列、延伸所依附的骨架结构。

面对复杂的纹样，先将其简化成骨式，可以帮助同学在图案设计初期抓住图案的结构脉络。

形式美法则：对称与平衡

图案的对称	图案的平衡
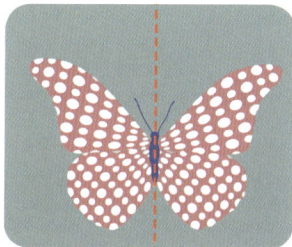	

服饰图案受到织物表面、人体表面和工艺的制约，在构成型式上却有共同的形式美法则。

对称与平衡： 对称能给人以稳定感，但过多的对称重复会使人觉得单调、呆板。平衡的特点是不受对称轴或对称点的限制，结构较自由，但要注意保持构图重心的平稳。

形式美法则：条理与反复

元素的条理	元素的反复

条理与反复： 条理即对图案元素有规律的组织与安排。反复是指相同、相似的图案元素以某种形式有规律地重复排列，给人以单纯、整齐的美感。

形式美法则：对比与调和

造型大小对比	造型方向对比

对比： 使双方鲜明地展示各自的特点，形成了视觉的张力，增强了对视觉的刺激强度，是对事物矛盾的展现。

造型方面，有大小对比、轻重对比、粗细对比、疏密对比、曲直对比、凹凸对比等。

构图方面，有虚实对比、方向对比、聚散对比。

元素类似调和	元素渐变调和

调和： 是把构成各种强烈对比的因素协调统一，使之趋向缓和，可以对图案元素的形状或颜色同时或分别使用这一手法。

调和手法又包括类似调和、渐变调和、同一调和。

形式美法则：节奏与韵律

自然界的图案与韵律	图案的节奏与韵律

节奏与韵律： 是指整体图案中规律出现的图案元素的形、色连续交替的现象。形成节奏有两个重要因素：一个是时间因素，即运动过程；另一个是运动过程的强弱交替变化。和谐为韵，有规律的节奏为律。

服饰纹样的类型

服饰纹样的分类

独立纹样	对称纹样

适合纹样

适合纹样配合数字激光裁床

独立纹样： 独立图案是一种造型完整且能够独立存在的图案。在服饰上多被以印花的方式应用于卫衣、T恤等服装类型中。

对称纹样： 图案呈现左右对称的效果，在服装上常以刺绣、刺绣贴片的方式出现于需要门襟闭合的服装前片两侧。

适合纹样： 适合纹样是一种将形态限制在一定特殊形状的平面内，整体图案呈某种特定轮廓的装饰图案。此类图案外形完整，内部与外形巧妙相合，在服装上的应用最典型的是定位印花，将服装板型1∶1扫描到电脑中，再根据设计将准确尺寸放入板型中，之后可以选择数码印花方式打印印花。

连续纹样

角隅纹样

含有角隅的纹样

角隅纹样： 应用在边角部分的纹样，可以独立存在，也可以配合连续纹样。在服装的应用上，角隅纹样经常以民族风格的刺绣出现在高开衩的服装边角。

连续纹样

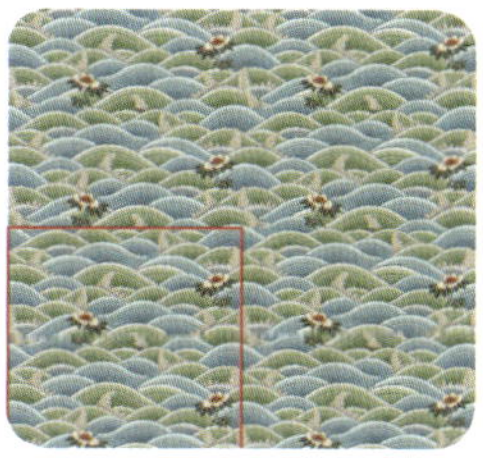

印花 　　　机织面料的结构连续

连续纹样： 出于面料裁剪和印花工艺的考虑，服饰图案特别是满幅印花的面料，其上的图案都有可以连续循环相连的特点。这类图案也被称为连续图案。连续图案排列有序、重复循环，通过几组图案元素的组合排接，呈现出丰富的视觉效果。机织物上的组织结构严格来说也组成了连续纹样。

3.5 服装色彩与图案设计 > 3.5.5 服饰图案基础

连续纹样的构成

蕾丝花边和"循环"

连续纹样是在服装产业中一度最为广泛的纹样品种，因为纹样可以随机裁断，具有经济性，无论是全幅印花布、梭织提花布或是经编蕾丝布，其上存在的图案都属于连续纹样。连续纹样是由一个或一组基本的图案单元沿一定方向重复得到的，这样的图案单元或单元组被称为"循环"或"花回"。依照连续的方向又可以分为二方连续和四方连续纹样。

二方连续纹样

横向二方连续	纵向二方连续

二方连续： 是由一个或一组基本的图案单元向纵向两端或向横向两端延伸并反复连续的图案构成型式。

印或织有品牌名称或词句的装饰条带是潮流服装中常见的横向二方连续图案的应用。

横、纵向不应看图案在服装上的方向，而应根据单元循环的方向决定。

四方连续纹样的构成

四方连续纹样

第一步：划定循环范围和接续点	第二步：制作不同的循环单元
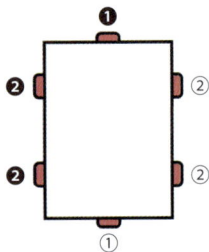	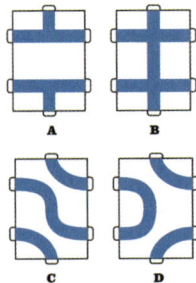
示范一：进行单一单元的尝试	示范二：由循环单元组成大的循环
	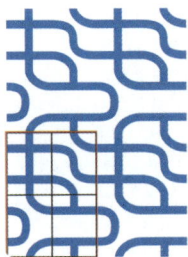

四方连续： 是由一个或一组基本的图案单元向上、下、左、右四个方向循环连续的图案构成型式。

如左图，在一个矩形上划定上下垂直对应、左右水平对应的点，如上下对应点❶和①，左边的两个❷点和对应的右边两个②点。可以用任意的形状连上线构成一个循环，左图仅提供四种模式组合，命名为A、B、C、D。

示范一中，形成的连续图案是由4×2个"C"模组组成。

示范二中，循环单元是由遵循相同叠拼规律的四个模组组成的，按照B→C↓A←D的方式组成，再进行垂直和水平方向的叠拼。

四方连续图案可以看成在循环的边缘上的对应点是由单个图案元素组成的图案形式。

散点式四方连续：单点式·多点式

单点式	多点式

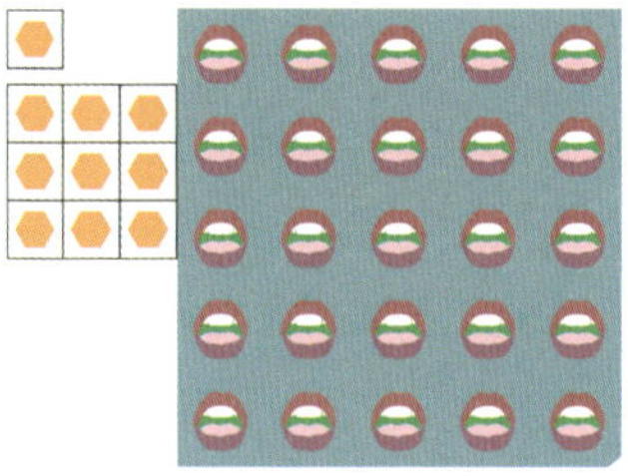

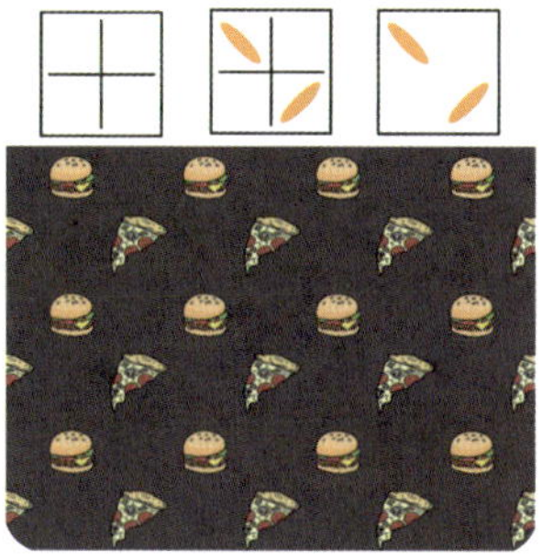

四方连续构成的基本骨式包括散点式和连缀式。

散点式中，图案元素位于循环中，不在循环边缘和其他元素发生接触。散点式中细分为单点式和多点式。将不同的散点式相互拼叠重复，再取面积的最大公倍数可以得到更为丰富的效果。

连缀式四方连续：波形连缀

波形连缀骨式示例	波形连缀示例

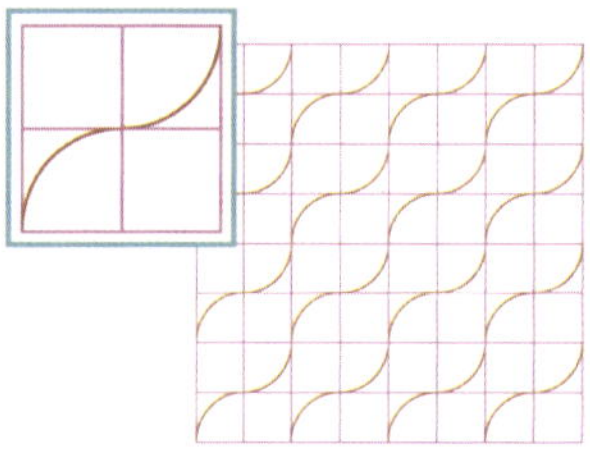

连缀式中又包括波形连缀、转换连缀、几何连缀、阶梯连缀等。

波形连缀：先在单位区域内作波形的骨法，再按波形来填入纹样，如左图反复便连成了波形的骨骼，以波浪状的曲线为基础构造的连续性骨架，使纹样显得流畅柔和、典雅圆润。

连缀式四方连续：转换连缀

转换连缀骨式	转换连缀示例

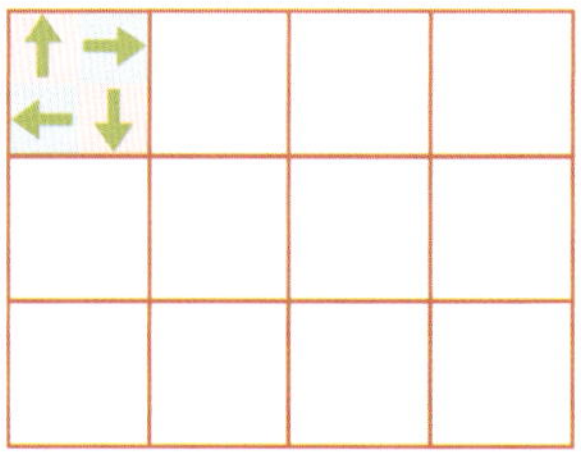

转换连缀：是指在一个基本几何单位区域内，如方形、菱形，先划分二等分，在一等分里安排一个有方向的纹样，然后在另一等分里将纹样用180°的回转，倒置过来，并使之衔接自然。

3.5 服装色彩与图案设计 〉 3.5.5 服饰图案基础

连缀式四方连续：几何连缀

菱形连缀骨式	菱形连缀示例

六边形连缀骨式	六边形连缀示例

几何连缀： 以几何形（菱形、方形、圆形、梯形、菱形、三角形、多边形等）为基础构成的连续性骨架。若单独作装饰，显得简明有力、齐整端庄，若在骨架基础上添加一些适合纹样，则现代感更强。最常见的是菱形连缀和六边形连缀，六边形连缀的灵感来源于自然，又被称为蜂巢连缀或龟甲连缀。

连缀式四方连续：阶梯连缀

1/2 阶梯连缀骨式	阶梯连缀示例

阶梯连缀： 由于设计出来的纹样结构像阶梯那样排列有序，规律性很强，也被称为梯形连缀，常见 1/2、1/3、1/4、2/5 等形式。

印花工艺

给素色面料上赋予图案的过程被称为印花。印花又分为全幅印花和局部印花两种。全幅印花，即将连续图案印满整卷布幅的印花方式；局部印花，即将图案印在服装特定区域的印花方式。

筛网印花

印花用圆网	圆网印花机	平网印（刻）花机

丝网印花

人工丝网印刷操作	套色丝印操作台
发泡效果	烫金效果（丝网）

套色

对于全幅印花，当批量很大时出于成本考虑常使用平网或圆网印。

筛网印花：印花机上有带有极细筛孔的金属筛网，通过对筛网版进行技术处理，从而使有图案地方的浆料可以透到织物上，而没有图案的地方则不能渗透。因此，在有颜色的部分，染料从网孔中透出并留在布面上形成图案。和圆网相比，平网可印的纵向花回长度更长，因此家纺产品常考虑平网印花。

丝网印花：原理和筛网印花相同，丝网幅面较小，用于局部印花。按照印花效果与工艺可分为：水浆印花、胶浆印花、油墨印花、发泡印花等。丝网印花对面料没有特别要求，擅长形式多样的印花表现形式，特别是发泡、珠光、烫金、裂纹等有显著表现，这是数码印花很难达到的。另外，丝网印花图案在服装表面会留下一层胶膜，与织物相比发硬且不透气，会一定程度影响服装的服用性能。与烫画工艺区别的是，丝网印花的烫金是将金、银粉混入胶浆。

套色：筛网印花或丝网印花要求每种颜色都要使用一个全新的筛网或丝网，完成一个图案用到的全部色组被称为套色。套色越多、颜色越丰富，对成本和技艺要求也更高，越容易出现错位偏差，对网眼大小的精准程度要求更高，这样才能做出自然的渐变和淡化效果。经丝网印花完成的印花布可以在布边上找到套色信息。

刺绣 · 烫画工艺

刺绣图案

平绣	立体绣
贴布绣	**珠绣、亮片绣**
毛线绣	**牙刷绣**

　　刺绣图案可以在服装表面形成超越印花的微浮雕效果，刺绣品的报废率高，因此选用刺绣工艺生产的服装附加值也高。目前绝大部分带有刺绣工艺的服装图案都是绣花机完成的，与印花面料一样，刺绣图案在面料上也分全幅刺绣和局部刺绣。

　　平绣：一种电脑绣花中应用最为广泛的刺绣形式，表面线迹平整，可以通过常规的针法搭配颜色丰富的图案。

　　立体绣：一种利用绣花线把EVA胶包在里面而形成的立体图案，中国传统的粤绣中也有类似填充垫高的手工技艺。

　　贴布绣：一种利用贴布代替针迹的填充部分，边缘以针迹固定在底层面料上的刺绣方法。对应还有镂空绣，保留针迹边缘，把底层面料挖空。

　　珠绣、亮片绣：把指定形状大小的亮片或是珠片先串成一条，再使用专门的刺绣针脚配合电脑程序就可以将亮片和珠子固定在衣片上，经常和平绣配合使用。

　　毛线绣：其实是粗线绣，使用了300d/2或450d/2的线的加粗绣线，比普通绣花线(120d/2)粗2～4倍，在秋冬的大衣或针织面料上使用可形成手工的质朴感。

　　牙刷绣：虽称其为"绣"，其实是一种新颖的印花技术，立体感极强，可以造成比植绒静电印更立体的效果。

烫画

植绒效果	烫金效果（烫画）

　　烫画：一种热压印技术，包含烫画、烫金、植绒，利用发热板发热，在特定的时间通过温度、压力，把热转印纸上的图案热固贴合到面料上，多与丝网印刷配合使用。

织造工艺·数码印花工艺

织造图案

织锦面料	蕾丝面料	烧花面料	压褶面料

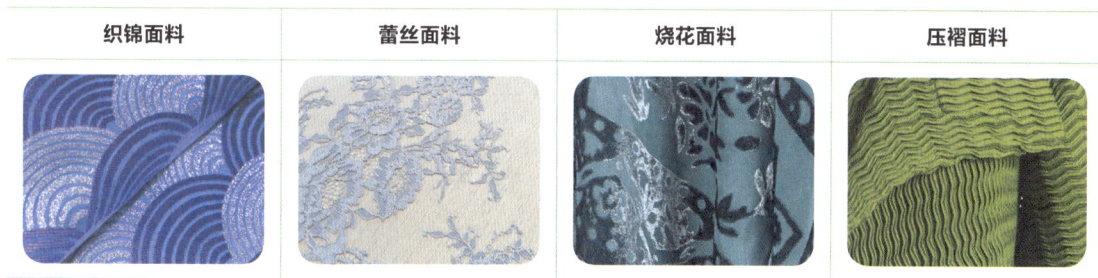

　　一些面料具有特殊的外观肌理，形成了带有韵律感的图案，如日本设计师三宅一生专注于压褶面料，面料本身就是一种图案的表达，是通过定型处理得到的特殊面料外观。在面料设计阶段就应考虑其图案形成，并通过色织面料、提花面料、烧花面料和蕾丝面料的纺织、后整理工艺进行实现。

数码印花图案

3D打印

　　将3D打印技术和激光烧结技术结合起来，使用尼龙材料可以制成立体的、图案规则的概念化服装。著名设计师Iris Van Herpen和美国的设计工作室Nervous System（如左图所示）都有使用3D技术制作的服装作品。

数码转印

　　经历了套色滚筒印刷、丝网印刷，近几年数码印花技术的发展带动了印花图案的繁荣，印花不再被套色色彩所局限，可以呈现丰富、细腻的变化。理论上，数码印花的色彩呈现可达到1670万种，突破了传统纺织印染花样的套色限制，特别是在对颜色渐变、云纹等高精度图案的印制上，数码印花在技术上更是具有无可比拟的优势。在环保方面，高精度的喷印过程不用水和色浆，没有染化废料的排放。

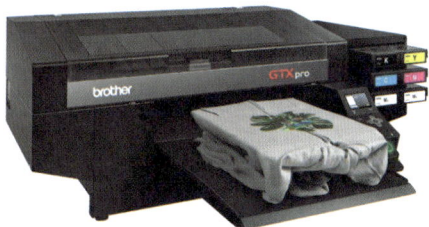

　　数码转印：先用印刷方法将图案印在转移印花纸上，再通过高温（在纸背上加热、加压）把图案转移到织物上，可以实现如同在纸张上印刷一般层次细腻、色彩丰富的图案效果。最大的局限是目前仅能用于化纤面料或化纤含量高的混纺面料上，因为化纤和混纺面料吸附染料牢度更强且不容易晕染。

数码直喷

　　数码直喷：为了解决天然纤维，特别是棉纤维容易造成染料晕染的问题，直接打印在面料上的数码直喷工艺需要对面料表面进行预处理。目前已经有一些厂商研发的直喷墨水可以直接在白色或浅色的面料上进行打印，再经过热压或者烘干即可让图案达到4级色牢度。左图是市面上普及度较高的Brother公司的GTX数码直喷印花机。

内裤

内衣与家居服是具有明显功能性的服装，它可以保护身体的脆弱部位免受相对粗糙的外衣织物的摩擦。在炎热天气下，吸汗排湿的内衣能避免尴尬的场景，在寒冷气候环境下可以提供额外的温暖。同时，在当今日益多元的文化氛围中，一些内衣品类和外衣的界限正在模糊。

平脚内裤

平脚男士内裤	平脚女士内裤

内裤：目前市场上大部分的内裤都是使用带有弹性的针织面料制作而成的，紧贴身体，因此，裆部通常是由纯棉面料组成。男性内裤通常有可开扣的前开口设计、女性内裤则常饰有花边。

平角内裤：延臀部下端环绕至大腿根部，环视呈现接近水平的下端线。

三角内裤：设计紧贴或略高于大腿根部的自然曲线，刚好包裹住会阴和臀部。为了穿着轻薄的裙装，有设计更为前卫的丁字裤，后部没有面料，仅靠轻薄的衣带联结。

三角内裤

基础三角男士内裤	基础三角女士内裤	女士高腰三角裤	女士高衩三角裤	女士丁字裤

家居短裤

拳击短裤	沙滩裤

家居短裤：通常由梭织面料制作而成，腰头有宽弹力带，臀部和腿部都非常宽松。相比拳击短裤，沙滩裤更长一些，可以在休闲场合外出穿着。拳击短裤的款式短而宽松。

打底裤

法式短裤	保暖紧身裤	运动紧身裤
女士打底裤		

打底裤：区别于内裤，但又属于内衣范畴的下装，发展出了诸多变化。

法式短裤：宽松轻薄，常由缎面面料制作，避免裙装紧贴身体的尴尬。

女士打底裤：为了搭配短裙、超短裙并保证行动方便，款式紧身且类似四角裤，但裤腿稍微加长的女士打底裤应运而生；类似男士的平脚内裤，但没有前裆开口的设计。

紧身长裤：常被中国人叫作秋裤。目前紧身长裤被应用在更多场景中，特别是城市和室内健身项目中，更多剪裁多样、直接外穿的紧身长裤应运而生。

文胸

文胸

基础款文胸

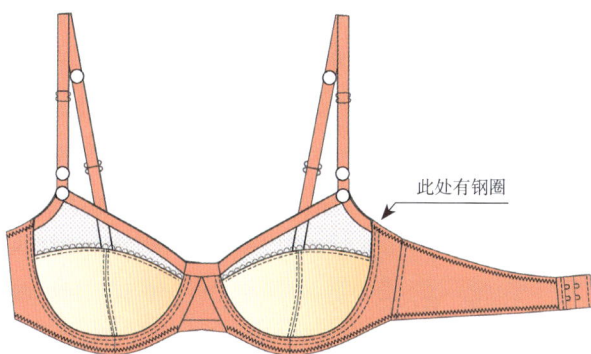

此处有钢圈

文胸：是女士专属的、具有支撑和塑形功能的女士内衣上装。绝大部分文胸是由可调节弹力肩带、罩杯、侧壁（侧比）、调节排扣等部分组成。注重塑形的文胸常带有钢圈，是一种细窄的装置在乳房下沿位置的半月形金属（塑料）条。文胸的制作工艺比较复杂，大量弹性面料和金属配件的加入要求制造商具备专门的缝纫设备。

文胸的变化款式

前扣式文胸

抹胸式文胸

哺乳文胸

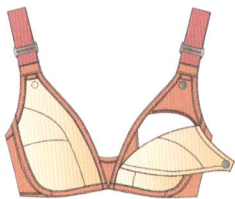

塑身衣

运动文胸

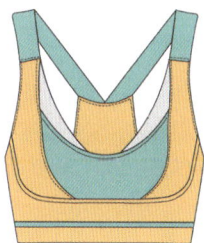

前扣式文胸：勾扣在胸前，方便穿着，但无法像普通文胸可以微调围度。

抹胸式文胸（新娘文胸）：无肩带，靠罩杯和侧壁支撑，常配合礼服穿着。

哺乳文胸：罩杯部分设置前开口，方便哺乳期女性哺乳。

运动文胸：肩带更宽，直接和罩杯部分相连，不使用钢圈，弹性更大但是更紧身，是为了在剧烈运动中给乳房更好的包裹性和支撑度。现在也被一些女性在健身时直接外穿。运动文胸常使用运动装面料制作。

塑身衣：是一种连裆或者覆盖过臀部的紧身衣，上衣使用支撑型文胸的方式制作，常有沿公主线延伸的龙骨包围腰腹部。塑身衣常配合礼服穿着。

3.6 服装产品类型 > 3.6.1 内衣

背心·泳装

背心

常规背心	工字背心
吊带背心	吊带裙、背心裙

常规背心： 贴身的纯棉针织背心，男性常在衬衫内穿着，防止汗渍透出留下尴尬。

工字背心： 背带绕过前身后在后背集成一束，这可以避免肩带滑落，许多紧身运动背心都采用工字背心的设计。

吊带背心： 类似文胸一样窄肩带的背心。

吊带裙、背心裙： 吊带裙和背心裙都是女性夏日居家的好选择。一些吊带裙的设计融合了女性内衣的风格，十分妩媚。

泳装

连体泳装	比基尼泳装	潜水衣

女士泳装的制作工艺和女士内衣相似，在服装生产中有时也归于同一部门。从材质上来看，主要是由弹性纱线混合尼龙的经编针织面料制作，弹性非常好，色彩鲜艳，设计点在于包裹、修饰人的形体。

男士泳装除了材质不同、款式上不设可开门襟，其余和男士内裤基本相同。

比基尼： 一种女士分体式泳装，是上、下分开的两件套泳装。

一些专业的水中作业的服装可以被称为水下工作服，也有日常活动的潜水衣，更大范围地包裹人体，且隔热性能更佳，能够避免人体快速失温，一般使用氯丁橡胶等材料作为里布。

睡衣·家居服·婴童服装

　　睡衣的概念过于狭隘，在当代，居家服的概念更为准确，在款式上无过多限制，比外出服更加宽松，但是十分方便行动，有让人松弛的图案或颜色；材质多样，均使用柔软亲肤的面料。冬季的家居服更贴合家居活动的概念，不适合就寝用，但是会使用厚实而起绒的面料（如摇粒绒、金丝绒）来制作。

成套睡衣	浴袍	睡裙	连体睡衣

成套睡衣： 指上、下身配套，使用相同内衣面料的睡衣，上衣形似衬衫，有前门襟和纽扣，有胸袋和小驳领，常常在领缘和袖口处设有镶边，是睡衣中制作相对精细的经典款式。

浴袍： 通常是双面圈毛巾布制作的连身、青果领、左右掩襟的居家服饰，可以在沐浴后代替浴巾，也可在室内休闲时套在轻薄的贴身睡衣外穿着。

睡裙： 通常由针织棉或柔软的黏胶混棉梭织面料制作，长度在膝盖附近的宽松连衣裙。

连体睡衣： 将上衣、裤子等合为一体，最早由儿童爬衣演化而来，也有少数成年人的版本。

围嘴	爬衣
罩袍	

　　青少年服装的分类可以参照男女成衣，但是婴童服装由于穿着者年龄的特殊需要有一些特殊的服装品类。活动自由、舒适、亲肤是该类别服饰的基本要求，紧贴皮肤的婴幼儿纺织品必须符合纺织产品的最高安全标准。于 2016 年 6 月开始实施的 GB 31701—2015《婴幼儿及儿童纺织产品安全技术规范》是我国婴幼儿纺织品必须达到的标准。

围嘴： 婴童进食的时候无法很好地控制自身的行为，因此为了避免频繁地更换衣物，一种挂在颈部的围嘴应运而生。

罩袍： 考虑到幼小的婴童穿着尿不湿，因此类似长上衣的罩袍也是常见的婴童服装。

爬衣： 是针对婴童设计的一种连体服装，开口处一般在裆部，方便更换尿不湿，通常使用针织棉布来制作。

3.6 服装产品类型 > 3.6.3 衬衫

常规衬衫

衬衫

基础款衬衫

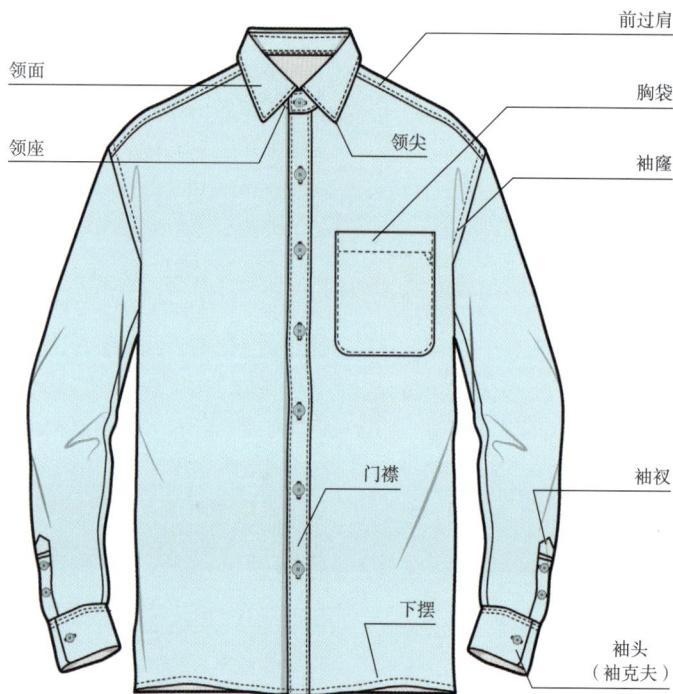

领面
领座
前过肩
胸袋
领尖
袖隆
门襟
袖衩
下摆
袖头
（袖克夫）

凡用装置在门襟上的纽扣闭合的服装都可以被称为衬衫，甚至目前许多使用梭织面料制作的单层套头款式也被称作衬衫，但是基本款的衬衫已经有了默认的定式：

男士衬衫：根据用途、季节和流行趋势而有多种颜色、款式和材料。例如，礼服衬衫、正装衬衫、休闲衬衫等，区别的细节在于材质、前面和后面的造型以及衣领和袖口。一件基础款衬衫应包含（如左图所示）一些基本的构成部分。

衬衫的变化款式

牛仔衬衫

猎装衬衫

男士商务衬衫要求严格，休闲衬衫则变化多样，不同部分的细节设计将创造出千变万化的视觉效果，此处仅列举一些相对特别而经典的款式。

牛仔衬衫：牛仔衬衫和别的衬衫不同之处就在于前过肩和双口袋装饰的花哨的明缝线。

猎装衬衫：被文学巨匠海明威穿着而出名的款式，平驳领配有两个袋盖的胸袋，有肩章装饰，袖子可以挽起，常常搭配有同质地腰带。

变化款衬衫

其他衬衫变化

度假衬衫	水手服

度假衬衫： 和套装睡衣的领子设计相似，领子摊在肩膀上显得休闲随意；度假衬衫经常使用印有热带植物花卉的花棉布制作，高开衩的设计方便活动。

水手服： 一种源自英国海军的服装，V字型的大坦领，背后是方形领片，一度成为童装的款式。一些校服的女装也经常使用这一款式，并配以领巾。

中式衬衫	褂衫

中式衬衫： 一种小立领衬衫，与常规款的衬衫相比没有领面，无法搭配领带，但也有端庄正式的风格。

褂衫： 一种长而宽松的无领上衣，除开襟外也可设计半截门襟，男女通穿，女士可以搭配腰带，呈现宽松自由的风格。

卡门式衬衫	佩鲁式衬衫

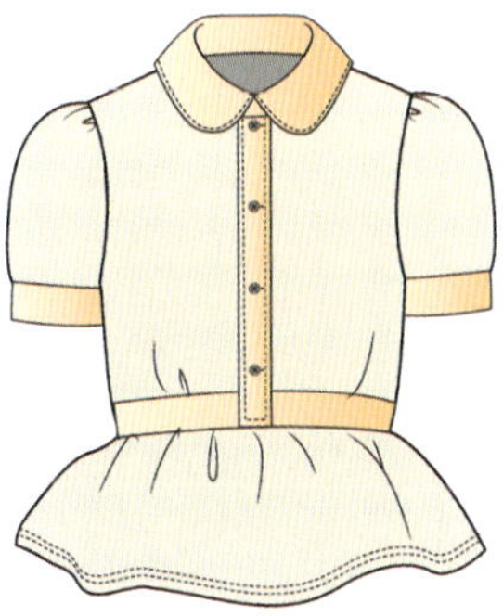

左图两种是专属于女士衬衫的变化。

卡门式衬衫： 露出肩膀的大落肩款式，一般沿着长长的领线装饰有自由的荷叶边。

佩鲁式衬衫： 在腰部装饰类似裙摆结构的及腰上衣。

3.6　服装产品类型 〉 3.6.4　裤装

常规裤装

裤装分类有多种，可以按照廓型分、按照长度分以及按照裤脚细节分。例如牛仔裤，从工装长裤的分支开始，逐渐延伸到其他牛仔服装的加工生产，已经形成专门的牛仔类生产部门。

基础裤型

腰头
串带
表袋
侧袋
前裆弧长
（前浪）
裤脚

底抽
过腰
前门襟
裤缝（烫缝）
侧缝
（外侧拼缝）
下裆线
（内侧拼缝）
裤卷脚

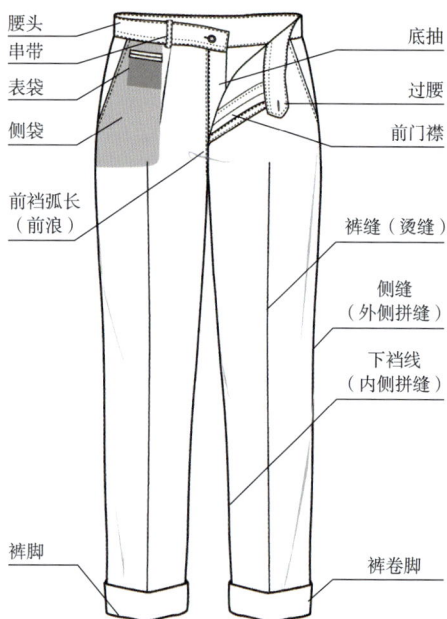

左图是裤装基础部位示意图，并非所有裤装都必须包含其中所有的部分。在目前的休闲裤装中，裤缝、表袋的设计已经逐渐消失。一些牛仔裤装为显示其复古风格会在前门襟部分使用纽扣固定。此图中，前裆弧长对应的是背面的后裆弧长（后浪）。

裤装廓型分类

锥形裤	喇叭裤	阔腿裤	灯笼裤

依据塑造的整体廓型来分，可以分为如下几个基本品类：

直筒裤：最常规、普通的裤型，裤腿上、下一样粗(见本页基础裤型)。

锥形裤：自上而下收紧裤腿的裤子。

喇叭裤：从腰臀直到膝盖都很贴合，但到膝盖以下陡然放宽。

阔腿裤：通过在裤腰的地方加入宽大的皱褶，形成非常宽松而直线条的剪裁。

灯笼裤：裤腿极其宽阔，但是在腰头和裤脚使用橡皮筋或裤袢收紧。

变化款裤装

裤装长度分类

短裤	百慕大短裤	五分裤

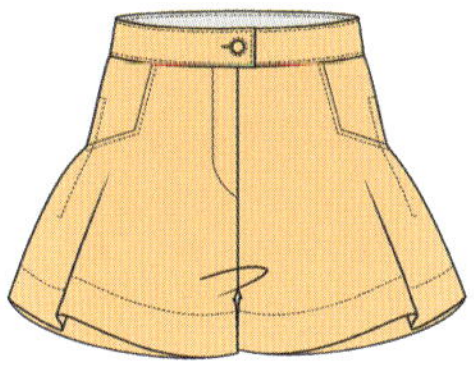

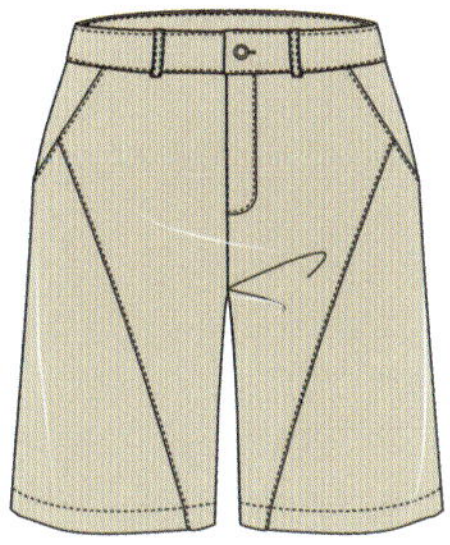

七分裤	牧裤

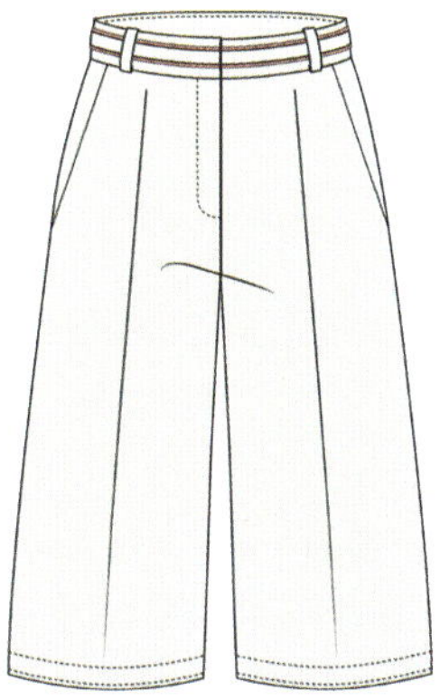

根据裤子的长短来分，除了标准长裤，还有如下类别：

短裤： 露出膝盖和部分大腿的裤长，极短的短裤也被称为热裤。左图中的短裤是一款女士短裙裤。

百慕大短裤： 上半截类似西裤，裤腿宽松，一般裤长在膝盖以上的位置。

五分裤： 又称卡布里裤，刚好遮住膝盖的长度。

七分裤： 宽松，长及小腿肚，又被称为渔夫裤。

牧裤： 一种八分裤，通常由稍挺括的卡其面料制作而成的阔腿翻边裤。

裤脚设计分类

束腿裤	踩脚裤

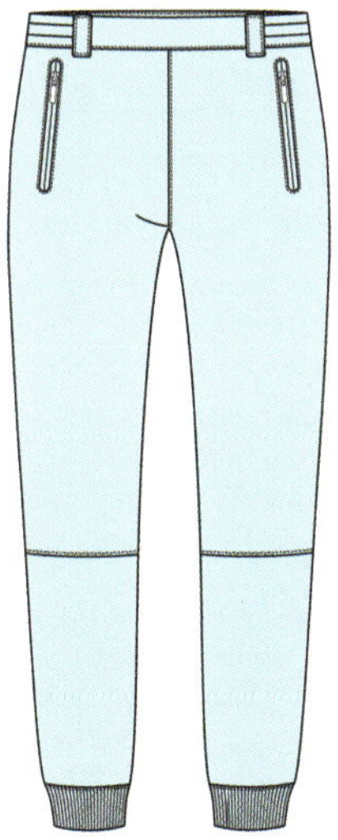

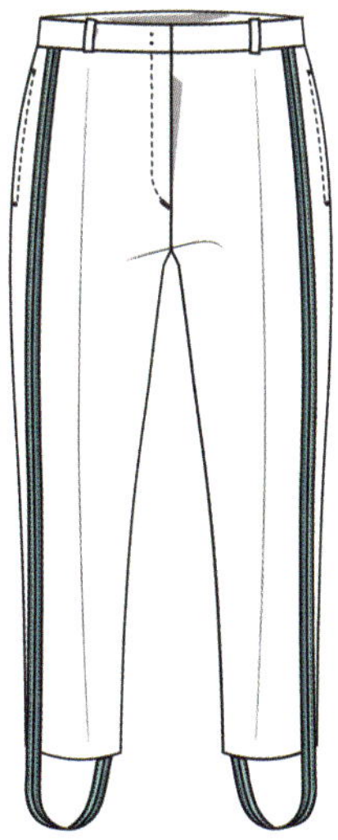

根据裤脚的设计细节，除常规折边裤脚外，有如下方式：

束腿裤： 裤腿在裤脚处使用袢带或橡皮筋收紧，可以搭配靴子穿着。目前，橡皮筋或罗纹针织面料束腿是运动裤的常见设计。

踩脚裤： 裤脚延伸出类似马镫的袢带，最早从滑雪裤演变而来。

翻边裤： 将裤身故意做长，翻折一截，强调休闲感，如牧裤。

3.6 服装产品类型 > 3.6.5 裙装

经典裙

女裙装结构分类

半裙	连衣裙（分体结构）	连衣裙（一体结构）

女裙装分为半裙和连衣裙，分体结构的连衣裙又可以看作是由上半身的服装和半裙组合成的单件服装。因此，有的连衣裙还保留着上下身分开制作、加装腰头的设计。

女士裙型分类

A字裙	一步裙	铅笔裙
迷你裙	**伞裙**	**多片裙**

A字裙： 裙的最基础款式，腰头适体，下摆微微撇出，常见于职业套装中。

一步裙： 裙的下摆比较紧窄，呈现贴合下半身曲线的特点，下摆一般在膝上缘位置，常见于职业套装中。为方便活动，一步裙常使用弹性面料。

铅笔裙： 合体剪裁，裙长通常到小腿肚下缘，后身有开衩以方便活动，下身呈现修长、纤细的风姿。

迷你裙： 腰部合体，下摆很短，从背后刚好覆盖超过臀部 10～15cm 的裙型都可以被称为迷你裙。

伞裙： 将整个裙子的裁片展开平铺，裁片呈现 3/4 个正圆形或 1 个正圆形，甚至 2 个正圆形的裙子都可以被称为伞裙，可以最大限度地体现面料的悬垂性，给人飘逸的感觉。

多片裙： 多片裙的裙身一般是由相同的梯形裙片规整地拼合而成，在裙子表面形成的纵向分割制造出修长的视觉延伸感。其中，6 片裙和 8 片裙较为常见。

变化款裙装

女士裙型分类

裹裙	多层裙	鱼尾裙
花苞裙	插片裙	褶裙

裹裙： 裹裙本身并不是一个闭合的管状，而是通过腰带、纽扣、袢带等方式围裹在腰上的裙子。

多层裙： 多层裙指裙身的层次多且规律的裙子。其中一层紧接另一层裙身的及地长裙被称为吉卜赛裙，而多层裙摆、层层垂下的被称为蛋糕裙。

鱼尾裙： 又称人鱼裙，腰臀部直至膝盖部分都紧贴身体，在膝盖下方放出衣片的量，是礼服裙中常会使用的裙型设计。

花苞裙： 腰部和裙摆都收紧，臀部放量，廓型如花苞般的裙型设计。

插片裙： 腰部合适，在胯部往下插入裙片使裙摆增大的裙子被称为插片裙。

褶裙： 凡是裙身从腰头处压褶或者带有定型褶面料的裙装都可以被称为褶裙。如校服设计常常为带刀褶的 A 字短裙，而使用风琴褶面料的中长裙则被称为百褶裙。

各式马甲

对于男性而言，马甲较少被单独穿着，一般需要搭配衬衫，在正式的场合也和相同面料的西服外套、西裤搭配穿着。

西装马甲	波莱罗马甲	针织马甲

西装马甲： 可以单独穿着，也可以搭配同面料的西服外套来穿着的马甲，配套的马甲比较修身，不必配套的马甲也可以装西装驳领，但是背后一般都有一个用该马甲衬料做的可收腰的袢扣。

波莱罗马甲： 一种圆领、圆摆的马甲，造型十分简洁，名称源于穿着这种马甲跳舞的西班牙男舞者。

针织马甲： 针织的马甲大多套头穿着，粗线针织品较为常见，男士的款式一般采用 V 领的设计。

外套上衣

外套是一个极大的服装品类，随着不同设计的长度、轮廓、面料和剪裁的变化，可以覆盖除了炎夏的任何季节。外套的品类款式千变万化，稍微短一些的类型被称为夹克，超过臀部甚至长及脚踝的厚外套被称为大衣，此处同样仅列举少数经典款式。

短款外套

时装外套	猎装外套
衬衫式外套	机车夹克
工装夹克	棒球外套

以下收录了短外套的经典款式。短外套的长度通常在臀部下缘以上。

时装外套： 由正装西服变化衍生出的外套，与传统西服相比，长度缩短，腰线也更加修身，款式上富于变化。

猎装外套： 与猎装衬衫款式类似的外套，区别是使用更为厚实抗风的卡其布制作，以及有四个大贴袋。

衬衫式外套： 与衬衫的款式相似，但更加宽松，也可使用厚一些的面料来制作。在使用英语的国家和地区，通常由"Shirt"和"Jacket"衍生出"Shacket"一词来指代这种外套。

机车夹克： 是飞行员外套的变化型，前门襟拉链斜开，拉下后有类似驳领的造型，下端束腰，在肘部有加固、加厚的设计，袖口也常有拉链，多用皮革材质制作而成。

工装夹克： 一种宽松的短外套，有利落的翻领和方便收纳的大口袋，袖口有可调节扣，部分款式下摆有松紧设计。这种经典外套结构简单，工艺流程成熟，成本可控，因此被大量应用在工装领域。

棒球外套： 一种前门襟用拉链闭合的外套，款式宽松，插肩袖，在袖口、领口及下摆处有罗纹拼接，有两个一字袋被按扣固定，可防止物品遗失。

外套大衣

长款外套

派克大衣	风衣外套	系带大衣
拉格朗外套	双排扣大衣	斗篷
牛角扣外套	填充外套	

以下收录了部分长外套的经典款式。

派克大衣： 一种中长款的连帽四袋外套，主要功能为遮挡风雨，因此在袖口、腰部和下摆都有松紧或抽绳的设计。其中，一些款式帽子可拆卸。

风衣外套： 一种宽松款式的外套，里层还能穿搭薄外套或西服；大多是双排扣、大翻领加腰带的设计。风衣外套典型的细节包括肩襻、袖襻、可调节插扣腰带、前肩覆等部件。

系带大衣： 一般是指模仿西方睡袍样式的大衣，按扣或无扣，使用搭配的腰带围裹身体。

拉格朗外套： 一种经典的男士外套，直身宽松廓型，有一个简单的翻领，搭配插肩袖和暗门襟，外表十分简洁。

双排扣大衣： 和双排扣风衣款式类似，但简略了一些防风雨的细节，使用高档毛呢搭配西装，驳领，整体类似双排扣西装的加长版。

斗篷： 使用秋冬面料制成的宽大无袖的罩袍，一般在肘部位置开口，方便手臂伸出。

牛角扣外套： 一种款式比较固定的休闲外套，使用纯色呢或格纹呢料制作而成，有后兜帽、装饰性的前肩覆和大贴袋，最主要的标志是使用牛角扣来扣合。新款往往内装拉链以帮助固定。

填充外套： 棉袄、羽绒服都属于填充外套，通常是比较休闲的宽大款式，在内层有可拆卸或不可拆卸的填充层。目前的填充外套填充的材料不再仅限于天然材质，更轻、更优秀的保暖性和透气性是对新型填充材料的要求。

针织衫

针织衫的优点是柔软、悬垂，夏季亲肤，秋冬保暖；和梭织服装相比，针织衫缝制使用的工艺和机器都有所不同。针织衫的缺点是相对透风、无法像梭织服装那样容易通过造型掩饰身材缺陷等。

针织面料服装

T恤衫（圆领）	T恤衫（V领）	马球衫
海龟领打底衫	卫衣（圆领）	连帽卫衣套装

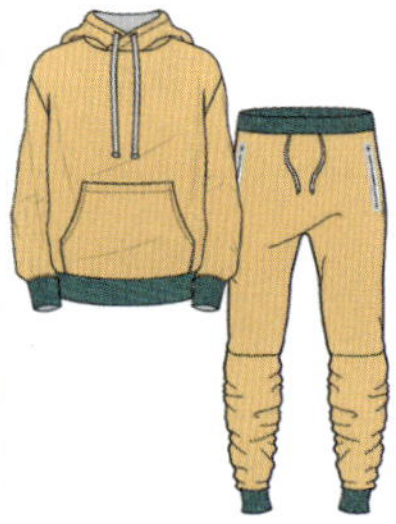

针织面料服装是使用针织面料并通过缝纫的方式制作而成的。缝纫线迹需保证服装不散边，弹力好，可拉伸。常见针织面料服装如下：

T恤衫：最为基础的夏季休闲服装，因展开呈现T字状而得名。T恤衫通常搭配不同的印花图案，因此又被称为文化衫。梭织面料的T恤衫也较常见。

马球衫：马球衫又名Polo衫，是一种介于T恤和衬衫中间的服装，设有门襟，一般门襟开到胸前左右，留有2~3个距离较短的扣位。

海龟领打底衫：一般由柔软而中等厚度的针织布制成，圆筒领子很高，可以在颈部堆积或翻折。

卫衣：厚针织平布制作的套头上衣，一般在领口、袖口和下摆都用罗纹收口。

连帽卫衣套装：与普通卫衣相比，此类针织衫多了帽子的部分，一般还配有抽绳；有使用拉链的开衫款和装有袋鼠兜的套头款。卫衣一般和同材质的束腿针织裤配成一套穿着。

线衫·毛衫

开领衫	套头衫
开衫	披肩

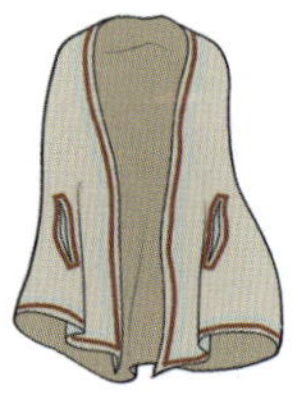

除上述针织面料服装外，另一大品类的针织衫由针织横机制作主体，再用圆机拼合领片，因此被称为线衫。一些运动紧身衣裤使用经编机一体成型，用比较厚的羊毛线或者混纺类似羊毛效果的毛纱制作，俗称毛衫。以下是线衫的主要品类：

开领衫：开领衫有类似马球衫的开领设计，多使用拉链开合。轻薄的开领衫和马球衫相似，但可从缝口判断它们的区别。

套头衫：大多数线衫都是套头线衫的变形，同样可以在领型和袖型上做多种变化，厚的套头线衫常常带有复杂的编织花样。

开衫：一种通常采用V字领设计、前门襟用纽扣开合的毛衫，因为开衫穿脱方便，常作为春秋无风天气里外套的替代品。

披肩：一种采用针织大方巾或者两块方巾左右拼接、前后拼接，甚至直接呈现钟型的筒状针织物。

功能性服装

运动服必须要适应人体表面高热、高湿的微环境，并协调与外界气温的平衡，而户外服则要帮助人们克服一些极寒、极干燥或极湿热的特殊环境，如极地、沙漠、雨林等。因此，此类服装又可以被泛称为"功能性服装"。

功能性服装的设计要求

某赛车服设计稿内里功能标注

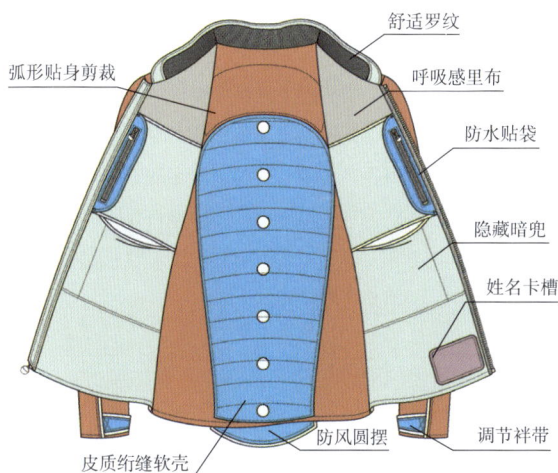

弧形贴身剪裁
舒适罗纹
呼吸感里布
防水贴袋
隐藏暗兜
姓名卡槽
皮质绗缝软壳
防风圆摆
调节袢带

为了在不同的外环境条件下保持运动或户外活动的舒适和方便，对于功能性服装的功能需求十分重要，包括以下几点：

① 生理导向设计，穿着舒适。在艰难的气候条件下，需要适当的纤维和纺织品来保持有效的身体活动，如膜结构、起绒织物、超细纤维织物、多层复合织物都被在此类服装中大量使用。

② 功能、舒适的设计。一些功能性外套面料缺乏弹性，因此预留足够的肘、膝和臀部的活动量显得十分必要。另外，可通过拉绳和可调节的扣带进行局部调节：带兜帽的衣领、特制的口袋、外套的透气开口、可调节的魔术贴袖口。

③ 强度和耐久性，保养方便。功能性服装主要通过面料性能来实现强度和耐久性，特别是耐磨、防剐蹭、防撕裂。另外，在日常的护理上也要简便易行，通过常规的机洗不起球、不收缩、不褪色是基本的要求。

④ 轻量可折叠（根据具体需求）。功能性服装要求不易出现折痕，轻量面料方便多层级的叠穿。

⑤ 环境友好。功能性服装尽量只使用单一成分的纤维，这样更容易进行回收再利用。

功能性服装的层次分类

功能性服装和普通服装品类相同，在考虑功能性的前提下从内至外可以分为贴身内衣、保暖内衣、上衣、外套、裤装等。在某些极寒条件下，层次会多达4~5层。

第一层

第一层：贴身衣物，该层应保持身体温暖干燥，有效地排湿到第二层，该层需要柔软且在尺寸上稳定不易变形。弹性针织物是这层的首选。冬季的第一层主要包括保暖内衣裤或排湿快干衣物，春夏季节则包括功能性的紧身衣物。

功能性服装的层次分类

第二层	
	第二层：单层上衣和下装。该层同样需要有效透气排湿、防风防晒，其材料不紧贴皮肤，但是可直接与皮肤接触。经典品类有渔夫背心、骑行外套、户外衬衫、夏季登山裤等。
第三层	
	第三层：软壳外套或抓绒外套。该层一般为使用拉链、穿脱简便、轻薄保暖的外套，需要保持体温，并通过一定的透气性与外界进行热交换。该层常使用的材料包括合成双面针织物、微纤维织物、弹力绒织物。运动服则包括春秋季的外穿卫衣裤。
第四层	
	第四层：冲锋衣、冲锋裤。该层应能够隔离体外的风、雨和寒冷，但应允许水分从内部排到外环境，并防止液态水的渗透，且必须坚韧，不易刮破、撕裂；通常由高性能的涤纶和尼龙来制作成表面细密的梭织材料，并往往加覆上具有疏水、抗风、单向透气等功能的超薄膜。
第五层	
	第五层：极地探险服、滑雪服等。它们是为了抵御极端天气条件而设计的，所以要耐受风雨的影响，但仍然允许水蒸气从服装内侧向体外排出。这要求服装的表面强韧、抗撕裂、抗磨损，并尽量轻和柔软，在工艺方面接缝必须密封以防止水从外环境向内渗透。外层材料与第四层相同，但是一般会有蓬松的填充物来保暖。目前，杜邦公司的索罗纳（Sorona）聚合物能赋予纤维和面料更优质的性能，作为克罗值更高、制造基材更环保的产品正在挑战传统羽绒，成为功能性服装保暖的新选择。

工作服·职业装

医护服装

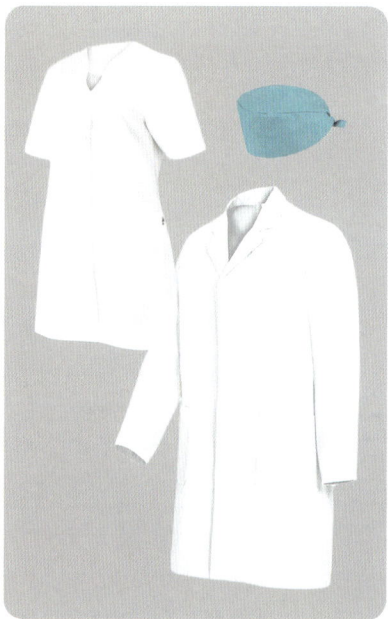

厨师服

电工服

校服

工作服和职业装： 指适合从事特定职业人群的服装，从面料、功能、剪裁和细节等方面来实现其特定需求。它也可以用来识别特定的职业。此类服装的一般要求是辨识度高，材料和制造工艺要经济，且能够适应多样的体型。部分职业装代表团体的形象要求高，且因造价较高，也常常使用集体量衣、个体定制的方式来下订单。

职业防护服： 有额外的要求，取决于具体的职业部门和安全要求。职业防护服很少是普遍适用的，它是为特定最终用途的需求而设计的，如高压电工的工作服要求严格的防水绝缘，消防员的工作服要求能够隔热阻燃，环卫工人的工作服要求醒目且能适应长时间户外活动。

其他类目的普通职业装包括护士服、护理服、空乘人员制服、铁道交通部门工作人员制服等，没有特殊的活动要求，主要以职业的辨识度为主。校服也属于职业装的范畴。

职业正装

日间正装

日间男士正装

日间正装：在极为正式的场合，以及在活动主办方有特别通知的情况下，人们需要穿着制作考究的正装出席。针对日间的活动，特别是一些重要会议和商务聚会，无论男女都会选择西服套装。

男士一般搭配黑色、深灰色、藏青色等沉稳颜色的平驳领或戗驳领西服套装，也可搭配黑色西服和深灰色西裤这样上深下浅的配色，面料以精纺毛织物或仿毛织物为主，内搭衬衫和西装马甲。另外，可以搭配色彩稍微明亮一些的真丝提花领带，遮住衬衫的前门襟。

女士套装

女士西装裙

女士同样可以选择衬衫、西服外套和西裤的套装，但不穿着马甲、搭配领带。大部分情况下，女士会选择收腰的西服外套搭配利落的及膝直筒裙的款式。这样的套装不要求内搭衬衫，也可以内搭U领丝质上衣或针织上衣。女士套装对颜色没有要求，甚至大部分晨间场合可以鲜艳一些。套装改良的连衣裙装也是适合的选择。

男士晚间正装

男士燕尾服

晚装西服

在晚宴上，男性依旧可以穿着西服套装，女士则大部分会选择换上礼服连衣裙。

对于男士而言，非常正式的晚礼服是黑色燕尾服（tails），燕尾从后面的边缝处开始，前面只到腰节处，戗驳领多使用丝绸或其他缎面材质，老式燕尾服搭配的裤子的两侧有一条丝绸条纹。燕尾服敞开穿着，配以白色背心、翼领礼服衬衫和领结。西服套装也可以沿用至晚宴，但常被更换成一些有缎面领、胸袋搭配装饰手巾、更为合体的款式。

礼服

女士礼服

小礼服	鸡尾酒会裙	晚礼服

女士选择礼服，主要取决于场合的需要，可以选择日间穿着的小礼服、派对礼服，也可以选择隆重的鸡尾酒会礼服、及地夜礼服等。

人们可以根据自己的文化背景在一些正式场合穿着带有民族特征的服饰，如我们在西方礼服体系之外也可以选择唐装、中山装、旗袍等传统服饰。

婚礼礼服

男士婚礼服	女士婚纱

中式婚礼服

男性可以选择白色、浅色系的西服上衣搭配同色或深色裤装。

女士可以选择婚纱，款式多样，基本上是缎面、薄纱制作的白色大摆礼服裙。在西方，人们喜欢搭配白色头纱，但在中国并不流行。

随着对传统文化的喜爱和认同，更多的人开始选择带有中式风格的嫁衣。中式传统的大红色嫁衣，运用立体感很强的金、银满绣在红色丝绸底布上，隆重、吉祥是其风格特点。带有中式传统风格的女性嫁衣"秀禾服"起初流行于中国南方，现已成为全国范围内婚礼服的选择。

日常经典帽款

　　帽子的基础功能是给予头部防风保暖的保护。目前，帽子的经典款式早在20世纪40年代就已成型。潮流的发展也补充了诸如渔夫帽、棒球帽等款式。常规的材料则除了面料、一体成型材料外，还包括毛毡、毛皮、草绳等。

定型帽

软呢帽	爵士帽	洪堡帽
猎人帽	鸭舌帽	钟型帽

　　定型帽是指由羊毛毡制成，在帽模上一体成型的帽子。

　　软呢帽： 是最为常见的定型帽，头顶中部设计有便于穿戴的凹陷的帽子。帽檐中等宽度，饰有缎带或皮革。该种帽型衍生出一系列变体，包括爵士帽、洪堡帽、猎人帽等，一般由男士搭配秋冬套装穿戴。

　　鸭舌帽： 是一种顶部塌扁、有帽檐的呢帽，其造型简便，可以搭配日常服装穿戴。窄帽舌和长帽檐从侧面形成了极好的延伸感，因此，中国人叫其鸭舌帽。

　　钟型帽： 是属于女性的定型帽款式，头顶圆润高耸，帽檐较为窄短，头部和帽檐浑然一体，十分优雅。

编织帽

巴哈马草帽	波特帽
宽檐帽	

　　编织帽是指由草绳、草茎或纸绳编织而成的帽子，风格轻盈自然，常用于夏季的服装搭配。

　　巴哈马草帽： 最早特指一种使用厄瓜多尔当地草茎编制而成的帽子，被男士用于夏季套装的穿搭，形状和软呢帽类似，但是材料不同。

　　波特帽： 一种浅圆顶草茎编织小帽，帽檐窄而饰带宽，原为英国皇家海军在夏季时佩戴的航海帽，后风靡至民间。

　　宽檐帽： 同样使用植物草茎编织而成，帽檐特别宽大，女士度假常用，可搭配轻薄的连衣裙。相同的款式也可使用疏松的棉麻面料制作。

3.7 服装配饰 › 3.7.1 帽饰

裁片帽

贝雷帽

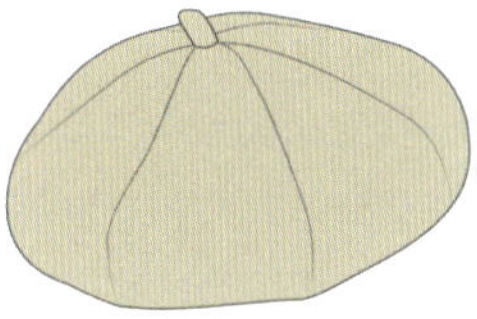

报童帽

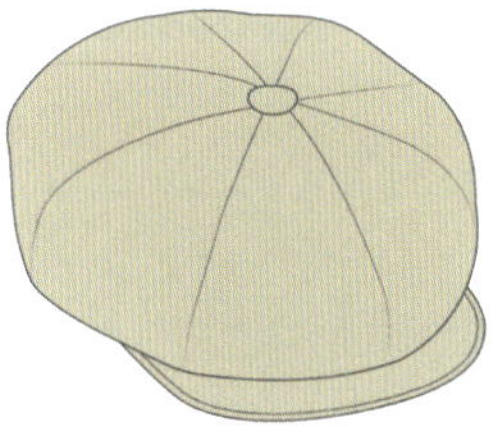

棒球帽

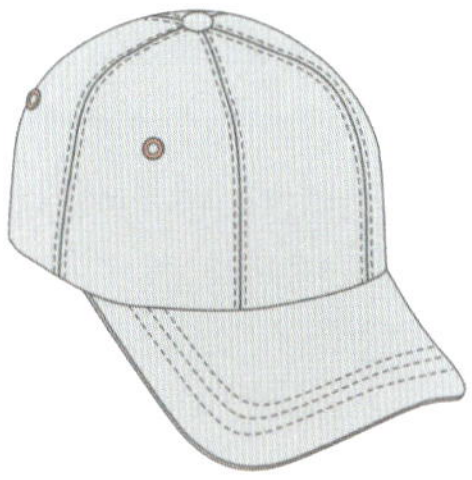

渔夫帽

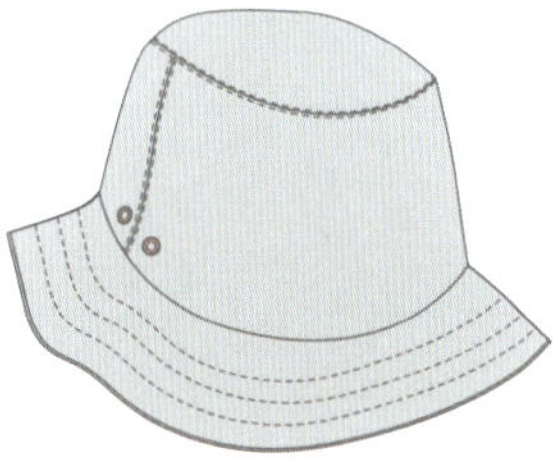

裁片帽是利用裁片构成帽子的立体造型，但会在帽檐和帽帮使用部分的定型衬。

贝雷帽： 由毛呢制成，无檐，踏软，最早作为一种睡帽使用；16世纪开始活跃于非正式场合，后成为法国时尚的象征之一，也常称作“画家帽”。

报童帽： 最早源于伦敦的底层人民对陆军硬质军帽的简化，一般由6~8片织物帽片和硬质窄檐、装饰帽带组成。

棒球帽： 半球型帽体由6片织物帽片组成，硬质长窄檐，随着20世纪80年代的街头文化而风靡全球。

渔夫帽： 常由粗帆布制作而成，平顶，无装饰帽带，有环绕帽身一圈的等宽帽檐。

线帽

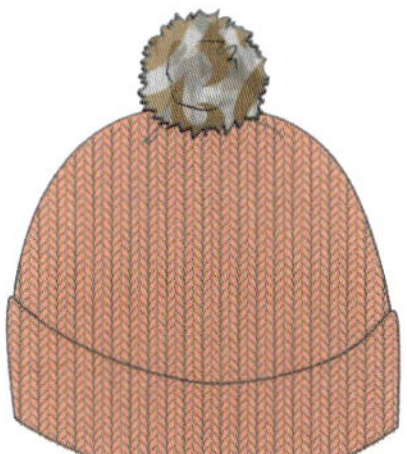

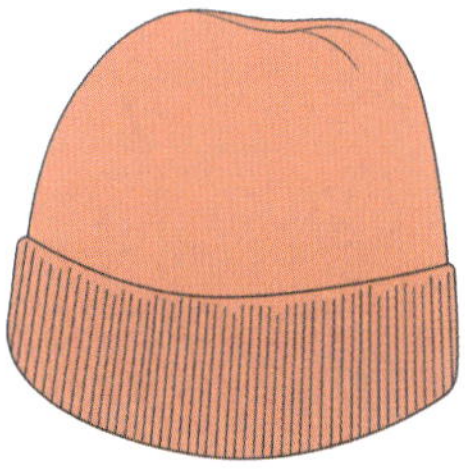

线帽： 由针织制作而成，因为用线的粗细、织法不同而呈现不同的风格，如随着滑雪运动出现而开始流行的滑雪帽，部分地区又称其为冷帽。常规形状是上顶收紧的筒状针织物。

艺术礼帽

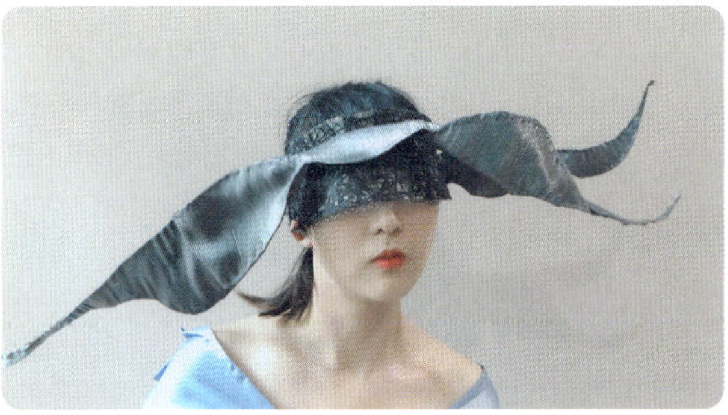

艺术礼帽外形夸张（左图为学生作品），应摆脱常规材料的束缚，大量采取质感特别、适合造型的硬麻布、网纱、羽毛等非常规材料。艺术礼帽不适合日常场景，而是经常出现在女士需要穿着日间礼服出席的场合，从材质、色彩或意境上与日间礼服配套。

3.7 服装配饰 > 3.7.2 颈饰

领带·围巾

领带

常规领带	阿思考特领带	窄条针织领带

领带： 在绝大部分情况下，领带是男士西服套装的必要配饰，在商务和一些正式场合中不可或缺。领带的款式变化主要取决于领带的宽度、色彩和印花的变化。精细工整的小提花真丝织物曾被认为是领带面料的最佳选择。领带的宽度一般在4~10cm。

阿思考特领带： 结合了领巾和领带的特点，浪漫而随意，印花和颜色偏浮夸。现在，针织领带、窄条领带也成为更多年轻人的选择。

领结、领巾

领结	领巾

领结： 呈工整、窄小的蝴蝶结状，常用于男装西服套装的搭配，但较少出现在商务场合。一些由水兵服改进而来的高中制服会搭配较为夸张的领结，属于服装的一部分。

领巾： 是一种单边长度在40~55cm的棉布印花巾，也是富有文化符号意义的饰品；曾在工业革命后期作为一种工人活动的身份标识。

围巾

大方巾	长围巾

大方巾： 单边长度通常在90~160cm，可以对折为一个大披肩，常由丝质或毛质的梭织物制作而成。在炎热地区，轻薄的棉质巴厘纱制作的方巾也有防晒的作用。

长围巾： 通常呈长条状，可以在脖子上缠绕数圈，有的款式两端装饰有穗。

手套·袜

手套

常规手套	装饰手套

仪仗手套	针织手套	登山手套

微波炉手套	半指手套

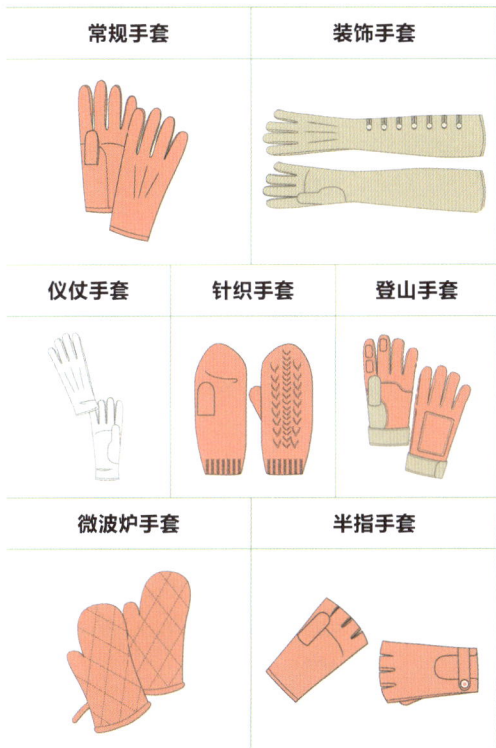

手套的发展一方面伴随着时尚的演化成了能够起到点睛作用的搭配饰品，另一方面，防护性手套则专注于保护双手。

装饰手套：女性在较为正式的场合会为礼裙搭配手套，这股风潮在 20 世纪 90 年代后期已经渐渐式微。装饰手套材质华丽，如丝绒、网纱、弹力绸等，一般紧贴手部，长至肘部。

仪仗手套：最早西方的神职人员穿戴过腕部的白色手套来象征职业之庄重圣洁，后这一着装范式蔓延至西方的军队，至今各国的仪仗队、升旗手仍沿用穿戴白色五指过腕手套搭配军服的着装方式。

针织手套：使用羊毛或者腈纶材质制作的针织手套贴合双手，温暖厚实，成为北方地区冬季的必备服装配件，一般有五指和全指两种基本款式。现在的保暖手套也有在指尖部分使用特殊纱线的设计，保证人在戴手套的情况下可以使用触屏手机。

防护手套：防护手套用厚实耐磨的材质制成，据闻最早的皮质手套是游牧民族驯鹰时防护鹰爪所用。现在的防护手套根据侧重点的不同，材质也不同，如滑雪手套耐严寒、登山手套耐摩擦、加工车间手套防割裂、矿工手套防擦伤磨损、隔热手套防烫伤等。

袜品

船袜	短袜	长袜

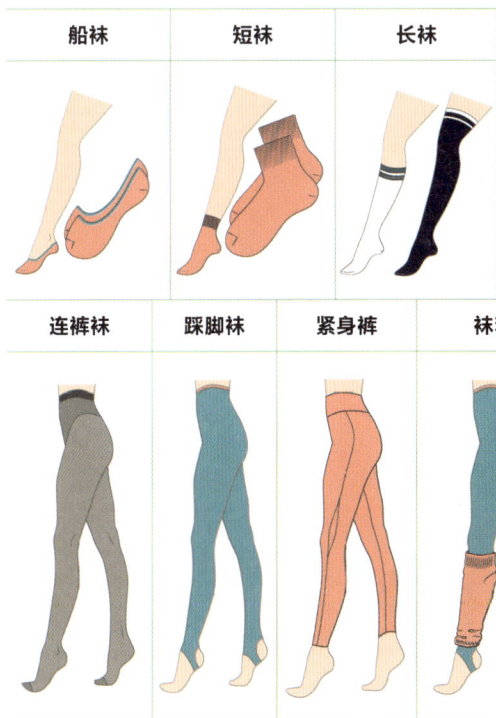

使用混有弹性纤维的纱线制作的袜子主要有保暖、保护足部免于和鞋体直接接触的作用。袜品一般使用针织圆机制作，制作的半成品呈筒状，侧边没有缝骨，一面缝合后形成脚尖部分，更舒适的袜品会单独处理脚跟的部分。根据脚跟后向上延伸长度的不同又分船袜（勾住脚后跟）、短袜（及踝）、中筒袜（至小腿中段）、长筒袜（膝盖以下）、过膝袜（膝盖以上）。

连裤袜	踩脚袜	紧身裤	袜套

连裤袜：最早指俗称的"丝袜"，实际上主要由尼龙和氨纶制成，因赋予腿部紧致、有光泽的外观而被女性所喜爱。后来所有紧裹腿部有弹力的长裤袜，无论是否露脚趾都被称为紧身裤袜，包括今天的瑜伽裤。

袜套：指在小腿外侧但不包裹足部的筒状织物。芭蕾舞者常穿着袜套保暖、避免运动损伤。

纽扣·抽绳

在服装的实际加工中，服饰零件和服饰配件的概念常常被人混淆。服饰零件一般指代与服装整体不可拆分、不会明显影响服装整体效果，但可以提高服装品质的部件；最早被使用的是系带，之后是纽扣，拉链的发明让更多服装穿着起来更加便捷，也被应用在皮制品上。

纽扣

缝线纽扣	常规扣眼
皮质蘑菇扣	**金属蘑菇扣**	**塑料按扣/四眼按扣/磁铁按扣**

皮质蘑菇扣	金属蘑菇扣	塑料按扣/四眼按扣/磁铁按扣

皮质襻扣	中式盘扣

牛角扣	插扣

二眼、四眼纽扣： 最常规的纽扣都有两个或四个缝眼。纽扣在梭织服装上被广泛使用，尺寸也从直径6mm到4cm不等，搭配扣眼，是最常规的衬衫前门襟处理方法。

蘑菇扣、布包扣： 从侧面观察如同蘑菇，扣眼藏在扣面下，包上和衣服同样面料的蘑菇扣就是布包扣，一般用在女装和童装上。

按扣： 按扣有按压和磁吸两种扣合方法。按扣不打扣眼，不会改变服装的外观，因此在功能性服装和一些简洁款式外套上很常用。

襻扣： 分成两个部分，左右两边分别固定在两个衣片上，通过襻带、系带、搭扣等方式使其闭合。中式盘扣也属于一种襻扣。

牛角扣： 一种用来搭配毛呢大衣的牛角形扣子，早期使用牛角为原料制作，搭配皮质祥带，有自己的风格。

插扣： 早期用于尼龙箱包，目前由于工装风格在大众中的盛行，箱包的配件也开始应用在服装上。

抽绳

单头抽绳（配绣眼、气眼）	抽绳及配套限位扣

在一些需要收紧袖口、下摆的运动装中经常出现抽绳。抽绳需要搭配绳头、气眼和限位扣等使用。

拉链·花边

拉链

拉链头	拉链头配拉绳

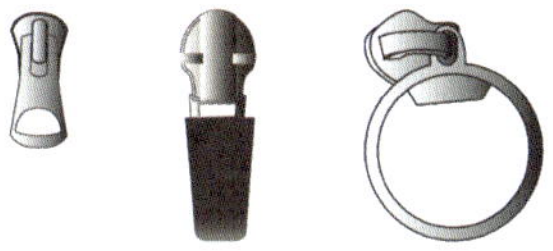

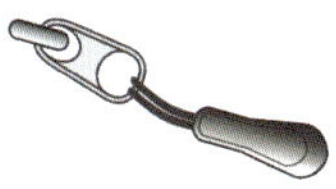

金属拉链

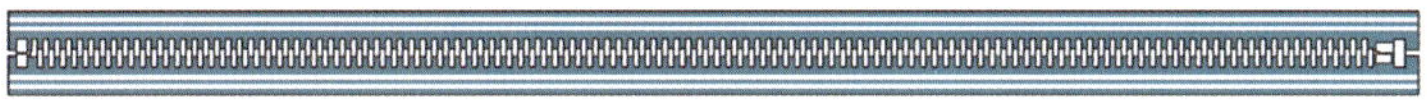

树脂拉链

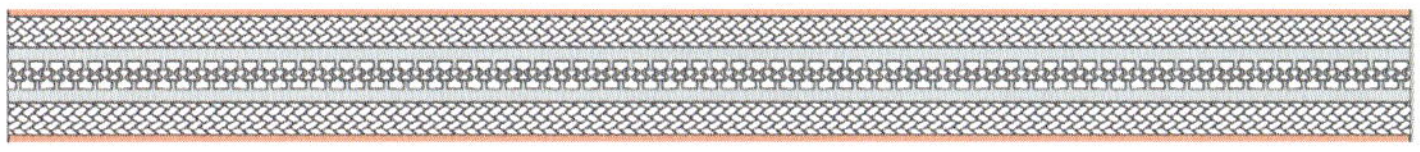

装好的拉链

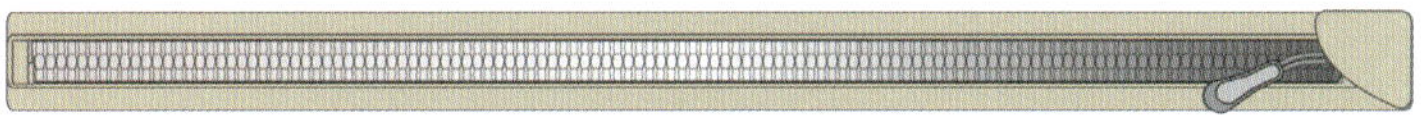

拉链分为链布、链齿、拉链头和拉链尾四个基本部件，利用链齿的咬合来闭合衣片。一些外套使用双头拉链，从拉链两端都能拉开。

金属拉链：一类强调金属光泽，多是由铝合金、锌合金为原料制作，被作为一种装饰元素展示在服装表面的拉链。另一类常配合牛仔服装使用的黄铜拉链多被用在厚实的外套和牛仔裤的门襟处。

树脂拉链：其拉链齿像国际象棋，适合休闲和运动服装。

隐形拉链：其装置在服装上以后只能看见很小的拉链头，弱化拉链的存在感，一般应用在女装上。

花边

织带花边	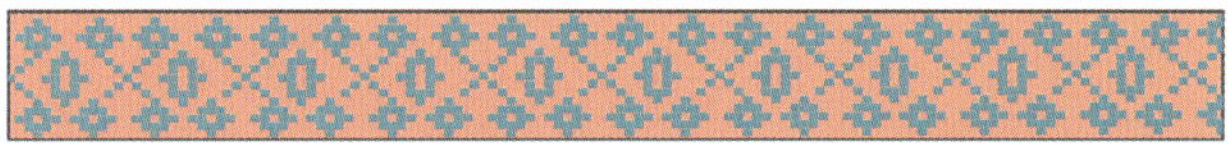
蕾丝花边	
钩织花边	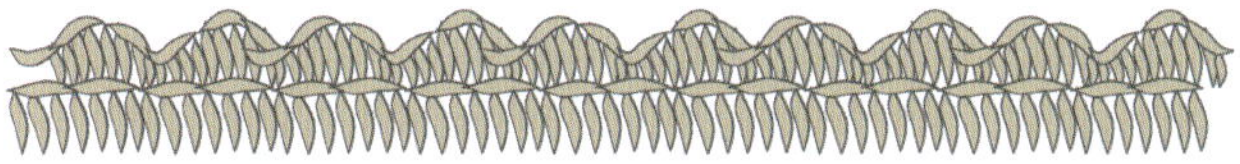
压褶花边	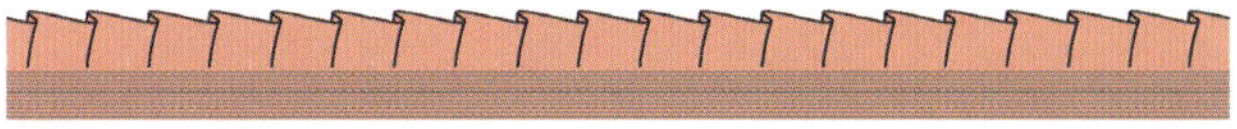
弹力花边	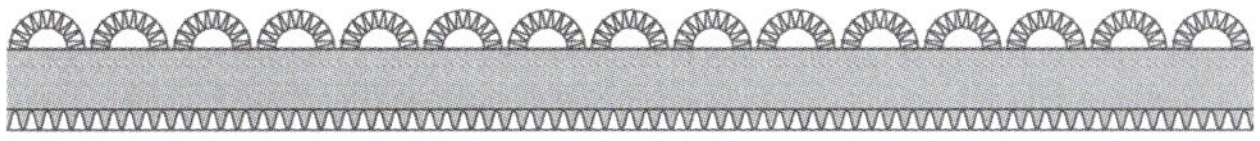
流苏花边	

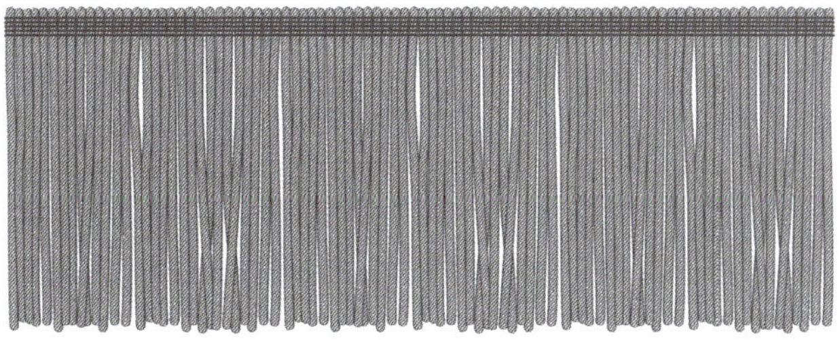

花边：通常指带状的带有镂空图案的经编针织物，但实际上，棉线钩结的花边以及使用织带机呈现花纹的带状织物都属于"花边"的范畴。花边在女装特别是女士内衣上被大量应用。

第4章 中外服装史

古埃及是世界四大文明古国之一，位于非洲东北部尼罗河中下游（今中东地区）。古埃及服装造型单纯、朴素，一般不做剪裁和缝制。与北欧日耳曼人的窄衣文化相对，地中海周围是南方型的宽衣文化。服装构成极其单纯，种类很少，服装的品种、造型基本相同。女性服装的特征是高高的腰线，而男性服装则强调臀部。大多数服装样式都很简单，大致呈三角形。

古埃及女子服装

丘尼卡	卡拉西里斯	古埃及女子服装为丘尼卡和卡拉西里斯。
		丘尼卡：上层女性穿着，是从胸到脚踝的桶形紧身衣，从胸下直到脚踝骨，用背带吊在肩上或用腰带系住，也有半袖连衣裙。 **卡拉西里斯：**为宽大的贯头衣；穿时腰间常以索什、肖尔（披肩）、腰衣（罗印·克罗斯）系扎。

古埃及男子服装

罗印·克罗斯	卡拉西里斯	古埃及男子服装有绳衣、腰衣（罗印·克罗斯）、丘尼卡、卡拉西里斯、罗布（长袍）、肖尔等。
		罗印·克罗斯：白色亚麻缠腰布，是男子必需的基本服装，就像现代的裤子一样。被压出各种形状和褶皱效果的罗印·克罗斯，代表着身份的尊贵。

古埃及配饰

法老的王冠	王后的王冠：秃鹰冠	**法老的王冠：**相当于上埃及的白王冠和下埃及的红王冠，也就是古埃及全国统一后的双重王冠。王后的王冠为秃鹰冠。
		古埃及假发：在当时也非常流行假发，材质有麻、羊毛、人发等，短发型假发可以将自然的毛发延长。

古希腊是西方文明的源头之一。约前 4 世纪，世界服装进入了以古希腊为代表的时代，这个时代的古希腊人以其涌动不息的激情，创造出了无比优雅、轻松的服装艺术形象，从而被后世树为楷模，称为古典而完美的形式，后来的古罗马文明也深受其影响。

古希腊女子服装

多利安式希顿	爱奥尼亚式希顿	希玛纯

古希腊男子服装

希玛纯—克拉米斯	希玛纯—多莱帕里

古希腊服装男女通穿，主要有三种形式：希顿、希玛纯、克拉米斯。

希顿： 是古希腊人男女常穿的服装，属于块料型包缠式。希顿有两种常见的样式，一是多利安式希顿，用布料对折裹住身体后，在上侧向外折返形成。二是爱奥尼亚式希顿，这种希顿没有翻折，除侧缝处留出伸手的一段外，其余部分缝合，形成筒状。

希玛纯： 这是一种古希腊男女都穿的披身式长外衣。早期的希玛纯是用亚麻羊毛制作的，装饰很少，后来在周边加以典雅图案的装饰。希玛纯没有固定的造型，有单衣和夹衣两种，一般情况下，宽等于身长，长是宽的三倍，是一块长方形的布料。希玛纯颜色多为白色或织物本色。希玛纯大致分为：全身包裹式、肩部固定式、单肩式、双肩披挂式。

克拉米斯： 这也是古希腊人的另一种外衣，即短式斗篷，比希玛纯要短小。克拉米斯可单独穿，也可穿于希顿外面。

古希腊配饰

古希腊发型	古希腊鞋履

古希腊的发型方面，古希腊的女子对发型都很注重，常常把头发染成金黄色并扎成各种各样的发髻；男子的发型最初主要是保留长发，常常把头发烫卷，用带子系扎，或者把头发盘在头顶。

古希腊的鞋履方面，鞋子是木底或者皮革的凉鞋，还有一种用皮子编制而成的或皮革透雕的凉鞋，叫作克莱佩斯。

古罗马是指从前9世纪初在意大利半岛中部兴起的文明。古罗马人注重服装的象征意义，色彩单纯，边饰强烈，用服装表征人的社会地位和阶级意识，有制服的作用。在古代世界，古罗马人最先明确在服装上表现阶级差别。紫色衣服在古罗马是高贵王权的象征。当时的服装与古希腊服装相比，在衣服的形成和发展过程上是从单纯和朴素向复杂化方向发展，另外古罗马服装具有更加明确的性别意识。

古罗马女子服装

斯托拉	帕拉

古罗马女子服装为斯托拉、帕拉、帕纽。

在古希腊文化的影响下，前4世纪时出现了模仿雅典女性穿着的爱奥尼亚式希顿的斯托拉和模仿希玛纯外衣的帕拉。3~4世纪，古罗马出现了乳罩鼻祖"斯特罗菲吾姆"和女用三角裤的原型"帕纽"。

古罗马男子服装

托加	帕鲁达门托姆	丘尼卡

古罗马男子服装主要为托加，是古罗马服装中最有代表性的服装类型，也是世界上最大的衣服，源头可追溯到古希腊时代的斗篷。其他以方形为基础的外衣有拉凯鲁那、萨古姆、帕鲁达门托姆、帕留姆、佩奴拉、莱纳、丘尼卡等。

古罗马配饰

古罗马鞋靴	角斗士鞋

古罗马人在制作鞋靴方面，效仿和继承了古希腊人的高超技艺。平时，古罗马人在室内穿拖鞋，用皮革或草席制成；上街穿皮鞋，脚跟和脚面部分用大块皮子做出合脚形状并用带子系结，脚趾露在外面。贵族和长官的鞋用高级皮革制作，并用金银装饰。另外，也有一些露趾武士靴，上面装饰着精美的花纹和呈凶悍状的兽头，极其精美奢华。

拜占庭帝国即东罗马帝国，是欧洲历史上最悠久的君主制国家。拜占庭人的服饰也因地区而异，冬季阴冷多雨的马其顿和多瑙河边境地区与干旱炎热的埃及地区服装样式有很大差别。丝绸为皇家垄断的原材料，丝绸生产被集中在古希腊南部地区，丝绸的买卖也由官营商人严格控制。没有皇室的许可，平民不得随意穿戴丝绸服装。紫色的丝袍为皇帝和皇后专用的服装，高级教会人士则穿着织金绣银的锦缎教袍和法衣。普通人的服饰多由棉布和亚麻织成，从现存的拜占庭绘画手卷来看，在其约 1100 年的历史中，服装样式基本上为轻快、单薄的地中海风格，主要的服装样式包括长袍、披肩、腰布、皮靴。

拜占庭女子服装

帕留姆	罗鲁姆	贝尔

拜占庭女子服装主要有帕留姆、罗鲁姆、贝尔。拜占庭女子服装比男装更具有东方风格，装饰有许多珍珠、宝石，衣料也很华丽，使用金线织成。

帕留姆和罗鲁姆：帕留姆是由女子用的帕拉在古罗马末期逐渐变窄发展而来，把自左肩垂在前面的部分折叠成两三层。到拜占庭时代，帕留姆演变为表面有刺绣或宝石装饰的带状物，叫罗鲁姆。

贝尔：一种面纱，由一块长方形的布制作而成。

拜占庭男子服装

达尔玛提卡	丘尼克/霍兹	帕鲁达门托姆

拜占庭男子服装主要有达尔玛提卡、帕鲁达门托姆。

达尔玛提卡：一种宽松的贯头衣，是没有性别区分的常服，构成简单。达尔玛提卡的制作方式是裁出十字形布料，中间挖洞（领口），对折后，在袖下和体侧缝合。

帕鲁达门托姆：整体廓型呈梯形；拜占庭时期，作为皇帝和高级官员的外衣，衣长变长，面料改用丝织物，在胸前缝有一块四边形的装饰布，以示权贵，是拜占庭时期最具代表性的外衣。

拜占庭配饰

拜占庭的王冠	拜占庭的鞋履

拜占庭时期的男女几乎都不戴帽子，只有皇帝、皇后戴王冠，农民戴宽檐毡帽。

拜占庭时期的鞋履明显受到东方文化影响，男子一般都穿长及腿肚子的长筒靴，紧身的霍兹常塞到长筒靴里。贵族女子则穿着镶嵌着宝石的浅口鞋。很多农民都没有穿鞋子，一般的妇人都穿简单浅口鞋。

4.1 外国服装史 > **4.1.5 哥特时期服饰**

　　哥特，又译为"歌德"，原指代哥特人，属西欧日耳曼部族。同时，哥特也是一种艺术风格，最早是文艺复兴时期被用来区分中世纪时期(5～15世纪)的艺术风格。从12世纪开始，欧洲开始进入了哥特式时代。所谓的"哥特式"是文艺复兴时期的意大利人对中世纪建筑美学的称呼。可以说哥特式服装也改写了西方的服装进化史。

哥特时期女子服装

希克拉斯（外套）	科特（内）+修尔科（外）	修尔科

　　哥特时期女子服装主要为科特、修尔科、希克拉斯。

　　希克拉斯：一种无袖、宽松、男女同形的外套，造型多种多样，共同特征是前、后衣片完全一样。未婚女子的衣片两侧从肩部到臀部皆不缝合。

　　科特：一种男女同形的筒形服装。女服收腰，强调曲线美，从肘部到袖口收紧，用一排扣子固定。

　　修尔科：一种男女同形的装饰性外衣，用料较华丽。法国贵族们特别喜用从意大利的威尼斯、卢卡进口的织锦缎，女服上还常用毛皮做边饰。

哥特时期男子服装

修尔科	普尔波万	肖斯

　　哥特时期男子服装主要为修尔科、普尔波万、肖斯、科特、希克拉斯。

　　修尔科：男女同形，袖子长短、宽窄变化很多，也有无袖的款式。男子修尔科的袖子常在腋下开口，胳膊可从开口伸出来，让袖子垂挂在肩上。

　　普尔波万：胸部用羊毛或麻屑填充，腰部收细，紧身长袖，前开门襟。

　　肖斯：原来的长筒袜，到14世纪中叶，肖斯越来越长，最后变成紧身长裤。

　　科特：男子的科特是古罗马的丘尼卡，13世纪变长，一般为素色毛织物。

哥特时期配饰

汉宁	波兰那

　　汉宁：是一种圆锥形高帽子，可被看成是哥特式尖塔的直接反映。帽子的高度以身份高低来定，据说最高可达1m以上。一般都把头发全部盖住，盖不住的除额头留有少量卷发外，其余全都剃掉。

　　波兰那：是一种皮革制尖头鞋，鞋很窄，紧紧裹着脚。材料为柔软的皮革，鞋尖部分用鲸须和其他填充物支撑。

所谓文艺复兴，是指对古希腊、古罗马艺术的复兴，借以向中世纪的神学挑战。在文艺复兴期间起最主要作用的是人文主义。人文主义者不接受研究神学和逻辑学的经院哲学。他们追求一种流畅而优美的风格，这种风格能更多地吸引人性中的美感，而不是人性中的理智。

文艺复兴时期可分为三个时代：意大利风时代（1450~1510年）、德意志风时代（1510~1550年）、西班牙风时代（1550~1620年）。

意大利风时代具有开放、明朗、优雅的风格，男女向横宽方向发展，男装变得雄大，女装变得浑圆；在关节处留出缝隙用绳或细带子连接，出现了可以摘卸的袖子，袖子开始独立剪裁，独立制作。

意大利风时代女子服装

罗布	蒙娜丽莎的微笑	
		意大利风时代的女子服装主要为腰部有接缝的连衣裙，称作罗布。 **罗布：**连衣裙上、下分裁，腰间缝合，裙长及地，袒领，袖子独立裁剪制作。领口开得很大，呈一形或∨型，也有一字型，胸口袒露很多，高腰身，衣长及地，袖子有紧身筒袖和一段段扎起来像莲藕似的袖子。在肘部、上臂部、前臂部有许多裂口，从这些裂口可以看到里面雪白的修米兹。以下半身的体积感变迁为中心，上身收紧，下身蓬大，呈上轻下重的正三角形。

意大利风时代男子服装

普尔波万十肖斯	
	意大利风时代的男子服装一般仍为普尔波万和肖斯的组合。 **普尔波万：**改名为达布里特，衣长及臀底，系腰带，领子有圆领、鸡心领和立领，后出现高领。以上半身体积变迁为主，夸张上身，呈上重下轻的倒三角形。 **肖斯：**一种紧身长裤。

意大利风时代服饰

乔品	曼特	
		乔品：一种高底鞋，皮面木质鞋底，高度一般达到20~25cm。 **曼特：**一种女装中流行带有华丽刺绣的外衣，领子开得很大，高腰拖裾，色彩明快。在造型上，曼特继续了哥特时期女装的特点，上轻下重，头上经常围有与罗布相同的面料做的头巾。

德意志风时代，德国已经开始强调用填充物塑形，并基本确立了男子服装以上体为重心、女子服装以下体为重心扩张的基础。

德意志风的主要特色是斯拉修装饰。斯拉修是裂口、剪口的意思，源自战争，由下向上传播。

斯拉修是在外衣上剪开许多切口，以露出里面不同的内衣或衬料，与各种质地、色彩的面料形成对比，互相映衬，达到表现奢华与新奇的装饰效果。斯拉修往往在收紧的地方被剪开，再用另一种颜色的布，通常是丝绸，缝在裂缝的下方。切口装饰开始时仅在肩、肘、胸等部位，后来发展到几乎全身都有切口，甚至帽子和鞋上都有。由于斯拉修的制作工艺相当繁琐，当时出现了专门从事制作这种装饰的职业和作坊。

德意志风时代女子服装

罗布	科拉	
		德意志风时代的女装领口上移，抽出碎褶，窄肩，细腰，袖子变瘦，使上身在视觉上缩小，同时加强下身裙部的膨胀丰满感，常在里面穿几层亚麻内裙。 **科拉：**一种女服，初期模仿意大利风，方形低领口，装饰着带立领的小披肩科拉。后女装变成高领，科拉变成有碎褶的小领饰，是后来大领饰的先兆。

德意志风时代男子服装

斯拉修装饰的德意志男装	达布里特与茄肯	夏吾贝	
			男装仍是普尔波万，有普利兹褶，立领、内衣领很高，有细小褶饰，这是大褶饰领的先兆。 **达布里特：**普尔波万此时被称为达布里特，外穿裙身茄肯，最外穿夏吾贝，衣长及膝或踝，衣身、袖子很宽松且有毛皮里子或毛皮边饰，大翻领，有假袖。 **茄肯：**在达布里特外面穿着的一种带裙身的上衣，茄肯常取代达布里特直接穿在内衣外面。因穿于达布里特外面，所以十分宽大，常用皮带在腰间收紧，领子有各种造型，下摆有褶，多以豪华织锦缎为主，并且用皮毛作装饰。 **夏吾贝：**当时男子的一种外出服，衣长及膝或踝，与哥特时期相比，衣身、袖子很宽松，有毛皮里子或毛皮边饰，大翻领，有假袖，强调或夸张肩部造型。

文艺复兴时期，人们追求个性，反对束缚。中世纪那种把人的形体层层掩盖的服装，在人文主义的光辉下黯然失色，人们开始通过服装表现人体的形体美、曲线美。

西班牙风时代男装的明显特点是轮状皱领和衬垫填充物，女装则突出表现为紧身胸衣和裙撑的使用，而且这种女装式样一直影响了西欧 4 个多世纪，直到今天，仍是女装的传统造型。

西班牙风时代女子服装

巴斯克依奴	法国王后卡特琳	伊丽莎白一世

西班牙风时代的女子服装由紧身胸衣与女服二部式构成。

罗布： 当时妇女主要穿着罗布，着装顺序是：修米兹—紧身胸衣—法勤盖尔—衬裙—罗布。为了收腰，罗布以腰围线为界上、下分别裁制，上体部与裙子在腰线上缝合或用细带连接。这种上、下分开构成的连衣裙形式是近代合理的二部式衣服的基础。这时虽然在裁、制构成上是二部式，但在观念上仍处于一部式阶段。

巴斯克依奴： 一种嵌入鲸须的无袖紧身胸衣。

西班牙风时代男子服装

西班牙风时代男子服装	弗朗西斯·培根

西班牙风时代的男子服装主要为普尔波万、布里齐兹和肖斯。

普尔波万： 一种在肩部、胸部、腹部、袖子都使用填充物的外套。袖子出现三种造型：帕夫·斯里布（泡泡袖），袖山顶部膨起，上臂和前臂合体；基哥袖（羊腿袖）袖根肥大膨起，从袖根到袖口逐渐变细。

布里齐兹： 一种短裤，也可使用填充物使其膨起来。

肖斯： 分为上、下两段，上部是离体的奥·德·肖斯，下部是紧身的巴·德·肖斯。

西班牙风时代配饰

拉夫领	法勤盖尔

拉夫领： 也被称为轮状皱领，在文艺复兴时期被欧洲男女普遍采用。这种领子成环状套在颈部，其波浪形褶皱是一种呈"8"字形的连续褶裥。

法勤盖尔： 16 世纪后半叶，西班牙贵族创造了法勤盖尔，呈吊钟形或圆锥形，以鲸鱼须、藤条、棕榈或金属丝作轮骨。

4.1 外国服装史 > 4.1.7 巴洛克时期服饰

17~18世纪初，欧洲极为动荡，政治、经济等方面的激烈斗争，使欧洲各国都发生了天翻地覆的变革。在这样一个男性大显身手的时代，必然产生以男性为中心的强有力的艺术风格，这就是所谓的巴洛克艺术风格。在服装史上，也把这一个世纪间服装文化的奇异变迁称作"巴洛克时期"。

巴洛克一词源于葡萄牙语"baroco"或西班牙语"barrueco"，意思是变异的珍珠，泛指各种不合常规、稀奇古怪的，也就是违背自然规律和古典主义艺术标准的事物。在艺术史上，巴洛克代表的风格特点是气势雄伟，有动态感，注重光影效果，营造紧张气氛，表现各种强烈的感情。

巴洛克时期服饰可以分为荷兰风时代（1620~1650年）和法国风时代（1650~1715年）。

荷兰风时代注重长发的流行和蕾丝、皮革的使用。荷兰新生的资产阶级反对过去贵族们的奢华服饰之风，主张节约，他们对文艺复兴后期的那种繁冗夸张的服饰进行了彻底的改革，将虚伪的贵族服饰改成实用的平民化服装。

荷兰风时代女子服装

女子衣裙造型	女子衣裙造型	荷兰风女装	荷兰风时代女子服装主要为衬裙和外裙。
			衬裙： 一般由白色亚麻布制成，贴身穿着。 **外裙：** 上半部分由两个部分组成，紧身内衣是用鲸鱼骨制的，非常僵硬，保持服装挺括。在紧身胸衣的外面又套了一层，并在腹部有一个长长的U形部分被称为三角胸衣式，摒弃了裙撑，腰线上移，有明显的收腰，把女性身材勾勒得平缓、柔和、自然。

荷兰风时代男子服装

查理一世	奥利弗克伦威尔	荷兰风服饰的法国贵族克尤罗特	荷兰风时代男子服装的蕾丝和花边装饰在领子、袖子、裤子等处，代替文艺复兴时期的金银珠宝。
			达布里特： 一种无填充物、大翻领、衣长至臀的上衣。在胸前和袖子上依然有少量的裂口装饰，袖子为紧袖式，下面连接呈波浪状的下摆。 **克尤罗特：** 一种宽松型、长度过膝、腰部与上衣气眼相连的裤子，用吊襻带或缎带扎住裤口，并饰以蝴蝶结。

荷兰风时代配饰

拉巴领造型	长筒靴	拉巴领：一种大翻领，领缘和领面上罩有蕾丝。
		长筒靴： 一种水桶型的长筒靴，靴口很大，有些装饰有蕾丝边饰，向外翻或靴口朝上，富有装饰性。

　　法国风时代是 1650~1715 年，17 世纪中叶，荷兰渐渐失去了欧洲商业中心的地位，取而代之的是法国。法国在战争期间获得了更多的休整机会，经济更加繁荣，其服装业也在 17 世纪后半叶占据了欧洲的领先地位。

　　法国的时尚业在 17 世纪达到繁盛，时装出口到其他国家，穿戴整齐的时装模特们被送到外国宫廷，以便于最新的风格被迅速传播。

法国风时代女子服装

巴斯尔样式	苛尔巴莱耐	法国风时代女子	
			法国风时代女子服装主要为巴斯尔样式的臀垫、苛尔巴莱耐、罗布。 **巴斯尔样式的臀垫：**挺胸、收腰、夸张臀部，并且有长的拖裙，这种样式在 18 世纪末、19 世纪末又反复出现。 **苛尔巴莱耐：**一种紧身胸衣，因在胸腰部嵌入许多鲸须（巴莱耐）而得名。 **罗布：**袖子变短，袖长及肘部，呈泡泡形，袖口装饰着蕾丝或缎带蝴蝶结。领线下挖更低，几乎袒露全部胸部，领口线很宽，有时呈水平直线形，有时呈椭圆形。

法国风时代男子服装

路易十四	维斯特与克尤罗特	鸠斯特科尔、维斯特、克尤罗特三件套	
			法国风时代男子服装由鸠斯特科尔、维斯特、克尤罗特，构成了现代男装三件套的雏形。 **鸠斯特科尔：**一种上衣，意为紧身合体的衣服，腰身合体，衣长及膝，下摆如扇形扩张；口袋位置较低，袖口宽大，有翻折的袖克夫；无领，前开式，门襟密缀纽扣，通常不扣，或偶尔扣一两个。 **维斯特：**一种背心，收腰，后背开衩。 **克尤罗特：**一种裤子，长度与鸠斯特科尔的下摆平齐，或略长于下摆，衣料与上衣相同。

法国风时代配饰

克拉巴特	芳坦鸠	
		克拉巴特：在领口系的漂亮的蝴蝶结领饰，这是现代领带的直接始祖。 **芳坦鸠：**一种在女子中流行的高发髻。为了强调高，人们多使用假发，还把亚麻布做成波浪状的扇形竖在头上，也有用白色蕾丝和缎带以铁丝撑着竖在头上的造型。

4.1　外国服装史　〉　4.1.8　洛可可时期服饰

1715~1789年，法国在艺术、文化和时装领域仍是西欧的中心，在巴黎的上流社会，资产阶级"沙龙文化"盛行，知识分子以及上流阶层人士举行沙龙，他们注重发展生活的外部要素，也就促进了讲求奢华的洛可可文化的形成。

洛可可一词源于法语"Rocaille"，意为石子堆或岩状砌石，即用贝壳、石块等建造的岩状砌石。作为艺术风格，洛可可起先指从中国传入的园林设计中常用贝壳和石头堆砌的人工假山和岩洞等，后指具有贝壳曲线纹样的装饰风格。

洛可可时期的服饰特点：夸张的裙撑、打褶的花边、繁复的装饰、印花布料、低领、衬裙、紧身内衣等。

洛可可时期女子服装

洛可可初期的法国女装	洛可可鼎盛期的法国女装	洛可可末期的法国女装	
			洛可可初期流行瓦托式罗布，又称罗布·吾奥朗，是一种领口开得很大，背部有箱形褶的宽松袋状裙。 洛可可鼎盛期，巴洛克时期消失的裙撑又重新流行起来，名称变为帕尼埃，意为行李筐、背笼，因其形如马背上的背笼而得名。 洛可可末期流行波兰式罗布和英国式罗布。波兰式罗布是由三根细绳捆束的罗布，称为切尔卡西亚式罗布。英国式罗布，去掉帕尼埃，腰身下移，靠褶裥将裙子撑开，更加简洁、质朴，体现出英国自然主义倾向。

洛可可时期男子服装

夫拉克	阿比、贝斯特、克尤罗特组成的男子三件套装	
		1760年，男子上衣腰身放宽，下摆减短，向实用性发展。英国出现的这种上衣被称为夫拉克，其特点是门襟自腰围线开始斜向后下方，是燕尾服的先声，也是现代晨礼服的始祖。 路易十五时期，男装为阿比（鸠斯特科尔改称阿比）、贝斯特、克尤罗特，在款式造型上逐渐向近代的男装发展。 路易十六时期，鲁丹郭特取代阿比直接穿在贝斯特外面。这个名称来自英国的骑马用大衣，这时作为旅行用的外套在法国流行。

洛可可时期配饰

洛可可时期女子高发髻	托尔纽尔	
		18世纪60年代后期，女子盛行高发髻，其盛状可谓空前绝后。高发髻最高的可达0.9m左右。 18世纪80年代，累赘的帕尼埃终于消失了，但紧身胸衣还在流行，代替帕尼埃的是托尔纽尔，这是一种臀垫，目的是让女性的后臀部显得突出，故法国的这种流行时尚被其他国家称为"巴黎臀"。

4.1　外国服装史 > 4.1.9　新古典主义时期服饰

新古典主义时期（1789~1825年）为继洛可可风格以后，欧洲以法国为开端出现的一股新的审美思潮。由于这股审美思潮是从当时人们的审美立场出发，来表达或表现古希腊、古罗马的古典主义形式，因此被称为新古典主义。服装风格特点为简朴和古典风尚，以健康、自然的古希腊服装为典范，因面料轻薄被称为"薄衣时代"。

新古典主义时期女子服装

修米兹·多莱斯	宫廷礼服	帝政样式的服装	
			新古典主义前期的女装造型极为简练、朴素，普遍穿一种连衣裙——修米兹·多莱斯。修米兹·多莱斯是一种由白色细棉布制作而成的宽松的衬裙式连衣裙，袖子很短。腰线上调到胸部以下。 新古典主义后期的女装为帝政样式，基本造型特点是强调胸高的高腰身，细长裙子，白兰瓜型的短帕夫袖，这种帕夫袖也被称作帝政帕夫，方形领口开得很大、很低。

新古典主义时期男子服装

新古典主义时期男女造型	装饰华丽的基来	夫拉克、贝斯特、克尤罗特的组合	
			新古典主义时期的男子着装为夫拉克、贝斯特、克尤罗特的组合。 夫拉克有两种基本样式：一种是在前腰节水平向两侧裁断，后边呈燕尾式，即现代燕尾服的前身；另一种是前门襟从高腰身处就斜着向后裁下来的大衣，是现代晨礼服的前身，这两种样式一直延续到19世纪。 法国大革命后，法国人民推行服装的民主化，黑色从以前的低等地位上升为礼仪场合的正式服色。

新古典主义时期配饰

高筒形帽	低帮皮鞋	
		19世纪初，受工业革命的影响，男子流行高筒形帽，据说是工厂的高耸烟囱的反映。 新古典主义时期，鞋子的形制发生变化，长筒靴不再时髦，皮鞋多以低帮为主。1822年，美国成功生产了漆皮鞋面材料，1836年，新材料制作的新款皮鞋受到人们的青睐。

浪漫主义时期（1825~1850年）营造出一种充满幻想色彩的典雅气氛。浪漫主义憧憬诗的境界，主观情绪和伤感情调成为主题，都在服装中有所表现。服装的特点是细腰丰臀，帽饰上的装饰大而多，注重整体线条的动感表现，使服装能随着人体的摆动而呈现出轻快、飘逸之感。

浪漫主义时期女子服装

舞会服	晚礼服	浪漫主义时期女子造型

浪漫主义时期女子服装强调腰身与夸张裙摆，腰线逐渐自高腰线位置下降，又开始穿着紧身胸衣，裙摆扩大，裙长下移，裙子的体积不断增大，衬裙数量常达五六条之多。夸张的袖根部使得整体呈现出X型的特征。

浪漫主义时期的领型有两种极端形态，一种是高领口，另一种是大胆的低领口。

浪漫主义时期男子服装

夫拉克与庞塔龙	男子晨礼服	拉翁基

浪漫主义时期男子服装廓型呈倒三角形，由夫拉克或拉翁基、庞塔龙组成。

夫拉克： 一种上衣，多用深色，收腰，肩、胸向外扩张，肩部耸起，袖山膨起。

庞塔龙： 一种裤子，用淡色针织物制作而成，紧身，在裤脚装上带子，穿时挂在脚底。

拉翁基： 一种夹克，是西服上衣的前身。

浪漫主义时期配饰

普多尔装束	浪漫主义时期女子发型

浪漫主义时期，男子发型以短发为主，但到1827年，时髦的纨绔子弟中出现一种叫作普多尔的幻想性装束——乱蓬蓬的长发上歪戴着一顶大礼帽，这可以说是现代蓄长发的年轻人的先驱。

女子发型流行中分、头发紧贴头皮、在两侧有发卷的发型，后来逐渐变成在头顶挽发髻的形式，而且发髻越来越高，在1830年左右达到顶峰，1835年起又重新回到基本高度，头顶的发髻随之转移到脑后。

新洛可可时期（1850~1870 年），由于克里诺林流行的普遍性及其款式具有承前启后的重要历史地位，所以这个时期又被称为服装史上的克里诺林时代。

这一时期生产的商品有明显的机械化特点，简单粗陋而功能化，艺术趣味大大减退。这一现象遭到英国艺术家们的反对，他们号召设计师把艺术设计和商品功能结合起来，形成了一场工艺美术运动。1853 年后，欧仁妮皇后的服装成为女性的模仿典型，为女装的流行时尚开拓了新的视野，人们的目光再次从明星身上移至宫廷贵族。为了表现女性纤细的腰肢，除了紧身胸衣外，扩大裙子所产生的强烈对比也能达到视觉上的效果，于是新的裙撑诞生了，被称作克里诺林。

新洛可可时期女子服装

1858 年午后装	身着紧身胸衣与克里诺林的女子	
		新洛可可时期流行克里诺林，是洛可可时期的裙撑帕尼埃的变相复活，从吊钟形到鸟笼形，最后形成金字塔形，或倾斜后翘的异形，都有明显的模仿洛可可服装的痕迹。领子延续了洛可可时期的高领口和低领口。袖根窄小，袖口喇叭状张开类似于东方宝塔的特殊袖型。 **紧身胸衣：**上衣前面在腰腹部呈锐角尖形。 **克里诺林：**一种裙撑，取代多层衬裙膨起裙子的方法，罩在外面的大裙子装饰增多。

新洛可可时期男子服装

新洛可可时期男子造型	新洛可可时期男子造型	
		新洛可可时期男子服装风格趋于庄重、考究，主要有夫罗克·科特、泰尔·科特、毛宁·科特、贝斯顿。 **夫罗克·科特：**一种常服，后成为男子昼间正式礼服。 **泰尔·科特：**一种夜礼服，又叫燕尾服。 **毛宁·科特：**一种晨礼服，前襟自腰部斜着向后裁下来，腰部有横切断接缝，衣长至膝。 **贝斯顿：**一种外出便装，腰部没有横切断接缝，稍收腰身，衣长至臀部，一般为平驳头单排扣，2~3 粒扣，也有双排扣的，较为宽松舒适；常与同料背心和长裤组合。

新洛可可时期配饰

初期克里诺林	新型克里诺林	
		克里诺林是用马毛、麻为材料制成的裙撑或撑裙式样。 **初期克里诺林：**利用轻金属(类似弹簧钢)制成的环状框架，像一个圆形屋顶的硬壳，很重，出入门或乘马车时极不方便。 **新型克里诺林：**采用鲸须、鸟羽、细铁丝或藤条做轮骨，再用带子连接的笼子，呈金字塔形；为行走方便，前面没有轮骨，较平坦，后面向外扩张而较大，有弹性，且根据需要可以提升、缩短裙子。

4.1 外国服装史 > 4.1.12 巴斯尔时期服饰

　　巴斯尔时期（1870~1890年），其名源自臀垫巴斯尔。19世纪70年代，受战争与政局变动的影响，法国时装业一时凋敝，女装受到最大的冲击，克里诺林消失了，取而代之的是合体的连衣裙式的普林塞斯·多莱斯。由于普林塞斯·多莱斯的突出特点是臀部突起，这种与20世纪出现过的臀垫巴斯尔相似，被认为是巴斯尔的复活，所以把这一流行期称为巴斯尔时期。

巴斯尔时期女子服装

紧身胸衣	紧身胸衣与巴斯尔	穿着紧身胸衣和巴斯尔的女子

　　巴斯尔时期女子服装为罩裙、紧身胸衣和巴斯尔。紧身胸衣把胸高高托起，腹部压平，后臀部用臀垫高高翘起，外侧的罩裙流行拖裾形式，衣服表面强调装饰效果，外形前挺后翘。

　　巴斯尔：19世纪70年代初，便于生活的机能性受到社会的重视，巨大的克里诺林被废除，出现了合体的连衣裙式服装普林塞斯·多莱斯，为把垂下来的长裙整理好后堆放在后臀部，巴斯尔再次出现。

巴斯尔时期男子服装

巴斯尔时期男子形象	巴斯尔时期男子形象

　　巴斯尔时期男子多穿着西服套装。

　　西装上衣：腰间不收褶，前门襟采用双排扣，其特点是前门襟的搭扣量大。

　　西装裤子：流行用条纹棉布或格子呢料制作，裤子款式是臀部和大腿部裤管较宽大，从小腿部开始渐趋窄小，裤脚翻边是普遍现象。

　　新型的衬衫和领带：衬衫为领子有领座的翻领，袖口有浆硬的袖克夫的形式。

巴斯尔时期臀垫

克里诺莱特	巴斯尔

　　克里诺莱特：一种巴斯尔式样，附加在身体后臀及以下部位的衬裙式裙撑。整体造型为裙子腰线较高，腰线以上紧身，腰线以下裙子逐渐展宽，不系腰带。

　　巴斯尔：出于功能性的考虑，在结构上采用马尾衬料等制成有弹性叠层褶，或利用松紧带连接细铁丝制成弹簧状，甚至直接用细铁丝编成既有弹性又有柔韧性的网状后裙撑，使裙撑的设计趋于科学化。

S形时期（1890~1914年），服装艺术领域出现了新的思潮，即新艺术运动。新艺术运动的特点是否定传统的造型样式，采用流畅的曲线造型，突出线性装饰风格，主题以动植物为主，如蛇、花蕾、藤蔓等具有波状形体的自然物，加上创造性的想象，用非对称的连续曲线流畅地描绘出精细的图纹。

曲线美的女装最受人们欣赏，女性侧影的S形造型成为服装时尚的典型，所以称这一时期为S形时期。在服装上的表现为紧身胸衣把胸高高托起，压平腹部，勒细腰，自然地表现丰满的臀部，裙子从腰向下摆自然张开，形成喇叭状波浪裙。从侧面观察时，女子体型为挺胸、收腹、翘臀，宛如"S"形。

S 形时期女子服装

S形时期女子造型	S形时期女子造型	S形时期女子造型

S形时期女子上衣和裙子向简洁的形式发展，并强调结构的功能化。女子上身用紧身胸衣把胸部托起，腰部勒细，背部沿脊背自然下垂至臀部外扩，展现出优美的曲线。

戈阿·斯卡特：大裙摆拼接裙，扩大裙摆的方法是用几块三角布纵向夹在布中间，这种裙子称为戈阿·斯卡特。

羊腿袖：也称基哥·斯里布，袖上段呈灯笼状或泡泡状，自肘部开始收紧，袖型的上、下部形状形成强烈对比。

S 形时期男子服装

S形时期男子造型	S形时期男子造型

S形时期男子服装基本构成仍是三件套形式。

受女装的影响，上衣通过使用垫肩强调横宽，长及臀部，前门襟有2~3粒扣，造型上变化很微妙，面料以深色毛织物为主。

基莱：与现在的西装几乎同型，仅有的区别是有个小翻领。

庞塔龙：一种宽松长裤；19世纪90年代，为了便于行动，裤口变窄；20世纪初，随着裤长变短，裤口出现卷边。

S形时期的男子大衣有各种长度，有的长及膝，有的略长于上衣，也有披风式长大衣，可用腰带固定，后来这种大衣多用于旅行式风衣。

20世纪初西方服装

20世纪初裙装	20世纪初女子造型	20世纪初女子造型

20世纪初，束胸的潮流依然持续着。女性追求丰乳肥臀的体型，而腰身则被戏剧化地挤压收缩，强调女性身材的曲线美。同时，女性的肌肤几乎不外露，而是用层层叠叠的蕾丝、荷叶边、缎带等堆砌出华美的效果。女性衣服的束缚依然很多，但至少在20世纪初已经不再使用曾经流行的大裙撑了，因此裙子的轮廓还是较为简单、优雅的。

20世纪10年代西方服装

保罗·波烈作品	保罗·波烈作品	保罗·波烈作品

20世纪10年代，法国设计师保罗·波烈（Paul Poiret）是这个时期的明星设计师。他宣称自己舍弃了束胸这一设计，从而解放了女性。他将腰线提至胸下，让女性从胸下开始就能自由活动。保罗·波烈也从各种异国服饰与文化里汲取灵感，让下摆更自然，让装饰更华美。这一时期有大量的潮流都是由他而起，可以简而言之为古典、优雅、轻松，且富有异国情调。

20世纪20年代西方服装

可可·香奈儿作品	可可·香奈儿作品	可可·香奈儿作品

20世纪20年代，可可·香奈儿（Coco Chanel）以其独有的态度，直接舍弃了所有曾经束缚女性的设计特点，连保罗·波烈红极一时的胸下腰线都在她的设计里荡然无存。香奈儿将腰线放至腰部以下，使女性显得更加修长利落。她也更倾向于设计更短的裙摆与裤子，让女性的肢体活动范围更大。而这些以女性舒适性为主的设计很快地成为最受欢迎的潮流，且当时令人激动摇摆的爵士乐与舞场文化也大大增加了这类衣物的商机。

20 世纪 30 年代西方服装

20 世纪 30 年代女子造型	20 世纪 30 年代女子造型	20 世纪 30 年代女子造型

20 世纪 30 年代，经济萧条的时代阴影之下，20 年代的轻浮感一扫而空，但其让女性对衣着上的舒适性要求却保留了下来。大量的裤装成为流行单品，而许多男性西装元素也开始受到女性青睐。这些延伸有很大一部分是源自"一战"时期的军装文化，许多男子征战沙场后，是由女子代替其原先的工作岗位，因此，中性的时尚潮流成为一种风格。

20 世纪 40 年代西方服装

20 世纪 40 年代女子造型	20 世纪 40 年代女子造型	20 世纪 40 年代女子造型

20 世纪 40 年代，"二战"爆发之后，男装与女装重叠的元素更多了，这主要有两个原因：一是战时资源短缺，不仅是政府勒令限制可购布料的数量，许多家庭也无法负担购买新衣的费用，因此，旧衣物（许多是"一战"时期的战亡男子留下的）、窗帘、床单等都以拼接的方式成为制作衣物的原料；二是更多的女子投入了职场，因此对于容易活动的职场衣物的需求自然也成了必然。军装元素也是这个年代常见的设计细节。

20 世纪 50 年代西方服装

克里斯汀·迪奥作品	克里斯汀·迪奥作品	克里斯汀·迪奥作品

20 世纪 50 年代，战后的经济复苏，重新带动了人们对美丽衣物的消费欲。长达数年的面料限购也放开了，因此许多耗费面料的设计，如裙裾、遮阳帽等，都重新回归了人们的视野，成为最受欢迎的潮流。电影与明星的影响也广泛起来，更让当时的人们愿意追求美丽、精致的样式。其中，克里斯汀·迪奥（Christian Dior）极富女性魅力的裙装完美地掌握了这样的消费需求，因此，这个时期奠定了迪奥在女装中的重要地位。

20世纪60年代西方服装

20世纪60年代女子造型	20世纪60年代女子造型	20世纪60年代女子造型

　　20世纪60年代，这个年代的时装充满了实验性质，这得益于大量的社会运动与音乐盛典，服装在这样丰富的时代背景下，成为这两样社会产物的配角。这一时期的时装也象征着青年文化的崛起，时装的美感与决定权产生了转移，不再是由富人统领。迷你裙、高筒靴、夸张的头发造型、灿烂张扬的色彩，让20世纪60年代充满了无与伦比的俏皮感。

20世纪70年代西方服装

20世纪70年代女子造型	20世纪70年代女子造型	20世纪70年代女子造型

　　20世纪70年代，青年文化的影响力愈演愈烈，这时期许多次文化更是站到了时尚美学的中心，如朋克、嬉皮等，服装早年的各种条条框框都被彻底打破。朋克文化的狂暴黑暗，与嬉皮风格的自由浪漫，都让20世纪70年代成为最自由的年代。叛逆的元素比比皆是，但当时大热的可能还数嬉皮风格的雪纺围巾、喇叭裤、异国印花衬衫为最。

20世纪80年代西方服装

20世纪80年代女子造型	20世纪80年代女子造型	20世纪80年代女子造型

　　20世纪80年代，狂野的发量与夸张的垫肩是这个时代的绝对潮流。女性在职场的涉猎范围越来越广，因此在穿搭上除了要兼具职场专业性，更要有独特的个性来增加气场。大廓型、多口袋、风衣等男性化要素都得到了很好的女性化呈现。另外，20世纪80年代的有氧运动风潮也推动了许多惊人的配色与穿搭，可以说是现今运动服饰风格的先例。

20世纪90年代西方服装

20世纪90年代女子造型	20世纪90年代女子造型	20世纪90年代女子造型

　　20世纪90年代，相较于20世纪80年代的张扬与气场，90年代的时尚缓和了下来，重新回归对于舒适性的要求。牛仔面料也因为卡尔文·克莱恩（Calvin Klein）的广告而得到了很好的推动，奠定了这个年代的青少年理想形象。松散的廓型，简单的搭配，女性的衣物从未如此简单明了。混搭的风气也是当时最尖端的时尚态度，是20世纪90年代潮流的一大课题。

　　广义的先秦指旧石器时期到前221年，是秦朝建立之前的历史时期，狭义的先秦指前21世纪到前221年，研究的范围包含了中国从夏王朝进入阶级社会到秦王朝建立这段时间，主要指夏、商、周这几个时期。

　　中国的衣冠服饰历史可追溯至三皇五帝时代，在夏商时期服饰制度初见端倪，到了周代渐趋完备，并被纳入"礼制"范围。阶级社会的服饰，依据穿着者的身份、地位而有所不同。

原始社会服饰

兽皮衣	山顶洞人遗址中发现的多件穿了孔的石珠、砾石、鱼骨、兽骨、兽齿、贝壳与骨针	
		中国的原始社会起自大约170万年前的元谋人，止于前21世纪夏王朝的建立。原始社会经历了原始人群和氏族公社两个时期，氏族公社又经历了母系氏族公社和父系氏族公社两个阶段。 　　距今2.5万年前旧石器晚期的北京山顶洞人遗址的发现，确立了中国早期人类的发祥地。这时人们已开始用骨针缝制兽皮的衣服，并用兽牙、骨管、石珠等做成串饰进行装扮。这种使用原始缝纫术的衣服虽不是严格的服装，却可以说是原始服装的发轫。

夏商服饰

夏禹王立像	商朝上衣下裳	
		夏朝（约前2070～前1600年），是中国史书中记载的第一个世袭制朝代。随着阶级意识的形成，夏朝服饰注入了等级差别和身份尊卑的内涵。《左传·僖公二十七年》中引《夏书》称夏代"明试以功，车服以庸"，其意思是指把车马及服饰赏赐给有功者使用。 　　商朝（前1600～前1046年），是中国历史上的第二个朝代。商代物质生活资料的逐渐丰富，助长了贵族服饰的奢靡之风，服饰的礼仪制度逐渐确立，奠定了服饰制度的基础。商代服饰无论尊卑还是男女都是采用上、下两件式的形制，上衣下裳，其服饰的腰身和衣袖基本上为平直适体的样式，长度齐膝，便于活动。古代华夏民族上衣下裳、束发右衽的装束特点，在商代形成。

周朝服饰

曲沃北赵村西周晋侯墓地 8 号墓出土的玉人	洛阳庞家沟西周墓出土的人形铜车辖

周朝（前 1046~前 256 年）继商朝之后，是中国历史上第三个奴隶制王朝。周朝以奴隶制度建国，以严密的阶级制度来巩固国家，制定一套非常详尽、周密的礼仪来规范社会、安定天下。服装是每个人所属阶层的标志，因此服装制度是立政的基础之一，包括冠服规定也是非常严格的。

周朝服饰沿袭商朝服制而略有变化：衣服的样式比商朝略为宽松，衣袖有大小不同的样式，交领右衽，腰间系带，有的还挂有玉制饰物；衣长短则及膝，长则及地，前着蔽膝。

春秋战国时期服饰

战国时期妇女的曲裾深衣	窄袖短袍加束革带的胡服示意图
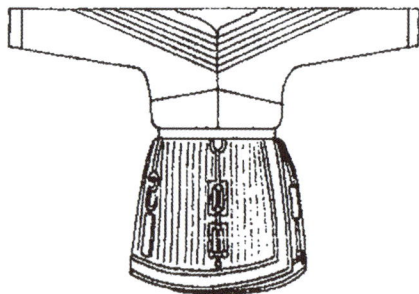	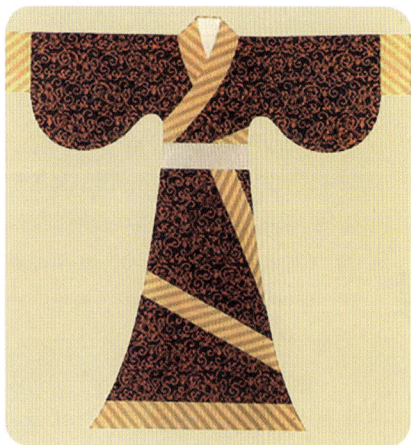

春秋战国（前 770~前 221 年）是诸子争锋、百家争鸣的活跃时代。这一时期，深衣和胡服开始推广。

深衣将过去上、下不相连的衣裳连属在一起，它的下摆不开衩，而是将衣襟接长，向后拥掩，即所谓"续衽钩边"。

胡服原是北方游牧民族的常服，便于骑射，逐渐成为战国时期的军服。胡服的特点是短衣，长裤，用带钩，有短靴和皮弁。胡服中的上衣，劳动者、武士、儿童都穿，其长不过膝；胡服束腰须有带钩，不同于中原束带；裤子代替长袍的下裳，靴代替鞋。

　　秦朝（前221~前206年）是由战国时期的秦国发展起来的"大一统"王朝。前221年，秦始皇为巩固统一，相继建立了各项制度，包括衣冠服制。秦始皇常服通天冠，废周代六冕之制，只着"玄衣纁裳"，百官戴高山冠、法冠和武冠，穿袍服，佩绶。

秦汉女子服装

汉代妇女宽袖绕襟深衣图	汉代妇女的襦裙图

　　秦汉时期，女子服装主要分为两大类：一是作为礼服的深衣，二是日常穿着的襦裙。

　　深衣：秦汉女子以深衣为尚，衣襟折转层数比战国时的深衣有所增多，下摆也有所增大。

　　襦裙：这个时期的襦裙样式为尚儒斜领、窄袖，长仅及腰间；裙子由4幅素绢连接拼合而成，下垂至地，上窄下宽，裙腰两端封卷条，以便系结。

秦汉男子服装

汉代男子曲裾袍服	西汉黄地印花敷彩纱直裾式锦袍

　　秦汉时期，男子以袍为贵。袍服属汉族服装古制，秦始皇在位时，规定官至三品以上者着绿袍、深衣，平民穿白袍。汉代四百年来，一直用袍作为礼服。

　　百姓束发髻或戴小帽、巾子，也有戴斗笠，穿交领，衣长至膝，衣袖窄小，腰间系巾带，脚穿靴鞋或赤足。裤脚卷起或扎裹腿，以便劳作，总体仍较宽松，也有外罩短袍者。

秦汉配饰

湖南长沙马王堆汉墓出土的着衣木俑	裹头巾的秦始皇兵马俑	长沙马王堆出土汉丝履

　　头冠：主要有冕冠、长冠、委貌冠、爵弁、通天冠、远游冠、高山冠、进贤冠、法冠、武冠、建华冠、方山冠、术士冠、却非冠、却敌冠、樊哙冠16种。

　　巾与帻：巾一开始被上层士大夫家居所用，后逐渐普遍，汉末文人与武士则以戴巾为雅尚。帻类似于巾，是套在冠下覆髻的巾，起初戴帻皆需覆冠，后才单独戴帻。

　　履：汉时主要为高头或歧头丝履，上绣各种花纹，或是葛麻制成的方口方头单底布履。

　　魏晋南北朝，又称三国两晋南北朝，是中国历史上政权更迭最频繁的时期，主要分为三国（曹魏、蜀汉、东吴）、西晋、东晋和南北朝时期，由于长期的封建割据和连绵不断的战争，使这一时期中国文化的发展受到特别的影响。服装上开始追求"精神、格调和风貌"，宽衣博带是这一时期的主要特点。魏晋南北朝时期服饰承秦汉之制，其少数民族服饰承北方习俗。

魏晋南北朝女子服装

杂裾垂髾服展示图	东晋顾恺之《洛神赋图》局部	
		魏晋南北朝时期女子服装继承汉制，上俭下丰，有深衣、衫、襦、袄、裙、袿衣、帔等形制，北朝时胡服流行于中原，服饰文化更趋丰富。魏晋时流行假髻的蔽髻，南北朝时流行飞天髻。

魏晋南北朝男子服装

大袖宽衫展示图	《北齐校书图》局部	
		魏晋南北朝时期服饰承秦汉之制，其少数民族服饰承北方习俗。魏晋服装日趋宽博，褒衣博带成为这一时期的主要服饰风格，其中尤以文人雅士最为喜好。魏晋的名士们多光身着宽大外衣，或者外衣内着一件类似今天吊带衫的奇特内衣，并不穿中衣，此衣式仅见于这一时期，款式参见《北齐校书图》。

魏晋南北朝配饰

男子漆纱笼冠	女子织文锦履	
		男子配饰多为帻、巾、漆纱笼冠等。南方气候湿热，高齿木屐开始流行。 　　女子配饰中的帔，形似围巾，披在颈肩部，交于领前，自然垂下。履分丝、锦、皮、麻等材质，面上绣花，嵌珠，描色。

　　源远流长的中国古代文化，到了隋唐五代时期，发展到了一个全面繁荣的新阶段。隋唐五代服饰指中国隋朝、唐朝至五代十国的服饰，这段时期随着我国纺织技术的进步，加上对外交往的频繁，服装款式、色彩、图案等都呈现崭新局面。五代时期服饰基本沿袭了晚唐服饰。

隋唐五代女子服装

《簪花仕女图》平面款式图	裹幞头、穿圆领袍衫的妇女

　　隋唐五代时期的女子服饰，体现了中国服装史中最为精彩的篇章，其冠服之丰美华丽，装饰之奇异纷繁，令人目不暇接。

　　隋朝时期女子的日常服饰，大多为上身着襦、袄、衫，下身束裙子，即襦裙。除穿襦裙外，还可穿着男装式样的圆领袍及胡人服装。

隋唐五代男子服装

唐高宗李治	唐太宗常服	唐代幞头

　　唐朝男子常服多为袍服，头戴幞头。幞头是在汉魏巾帻基础上形成的一种首服。当时的袍衫以圆领袍为主，圆领为小企领，以纽扣系结，窄袖，长至小腿。圆领窄袖袍衫之外，在一些重要场合，如祭祀典礼时仍穿礼服。

隋唐五代配饰

唐代乌蛮髻	唐代云头锦履	穿襦裙、披帔子的女子

　　隋唐五代女子发式变化多端，日常发型有丫髻、双鬟望仙髻、双垂髻、乌蛮髻、回鹘髻、半翻髻、螺髻、高髻、翻刀髻等多种样式。

　　唐代贵族妇女多穿丝鞋、锦鞋，有云头履、翘头履、笏头履等样式。庶民、丫鬟着便服鞋，搭配麻鞋。

　　披帛： 又称帔子，通常以轻薄纱罗制成，上面印画图纹。

宋朝（960~1279年）是中国历史上承五代十国、下启元朝的朝代，分北宋和南宋两个阶段。宋朝时期，儒学复兴，科技发展迅速，政治开明，政局稳定。

宋朝服饰一般指宋朝流行的服饰，包括北宋和南宋流行的服饰，是服饰史发展的一颗明珠，其特点是修身适体。

宋朝女子服装

宋朝褙子平铺图	宋朝山茶花罗上衣	宋朝穿褙子的妇女

宋朝一改唐朝女服袒胸露背的着装风尚，杜绝夸张的配饰和妆容。典型女装：上着襦衫、褙子、半臂、下身束裙或束裤。

褙子： 为隋唐传下的短袖罩衣，宋时演变为长袖，腋下开衩，衣襟部分时常敞开，两边不用纽扣或绳带系连，任其露出内衣。

宋朝男子服装

宋朝朝服	宋朝大袖襕衫	苏东坡像

宋朝时候的男装大体上沿袭唐代样式，一般百姓多穿交领或圆领的长袍，劳作时就把衣服塞在腰带上，衣服有黑、白两色。

襕衫： 自唐朝出现，宋朝盛行，是一种无袖头的长衫；上为圆领或交领，下摆一横襕，腰间束带，为有身份者广为穿着。

直裰： 当时退休的官员、士大夫多穿一种叫作直裰的对襟长衫，有大袖子，袖口、领口、衫角都镶有黑边。

宋朝配饰

徽宗皇后所戴的龙凤花钗等肩冠	宋朝金人绣花鞋

宋朝冠冕的种类依人物身份分为三大类：帝后的冠冕，品官的公服冠冕、日常冠冕，平民的冠帽。

关于宋朝鞋履方面，初期沿袭前代制度，在朝会时穿靴，后改成履。一般人士所穿的鞋有草鞋、布鞋等，按所用的材料取名。随着鞋履文化的发展，社会上开始出现专售鞋履的铺子。

元朝（1206~1368年）是我国历史上首次由少数民族建立的王朝。元朝的服装制度与汉唐相似。当时的蒙古族人多把额上的头发梳成一小绺，其他的就编成两条辫子，再绕成两个大环垂在耳朵后面，头上戴笠子帽。元朝人的衣服主要是质孙服，是较短的长袍，比较紧窄，在腰部有很多衣褶，以便于上、下马匹。元朝的贵族妇女常戴着一顶高高长长的帽子，这种帽子叫作"罟罟冠"。她们穿的袍子宽大且长，走起路来很不方便，常常要两个婢女在后面帮她们拉着袍角。一般的平民妇女，多穿黑色的袍子。

元朝女子服装

蒙古女子服饰形象	元代云肩	元代女袍服	
			元朝蒙古族女子服装为窄袖、腰束大带的长袍，式样简单大方。元朝女服分贵族和平民两种样式。贵族多为蒙古人，以皮衣、皮帽为民族装，貂鼠皮和羊皮制衣较为广泛，式样多为宽大的袍式，袖口窄小，袖身宽肥。这种袍式在肩部做有一云肩，即所谓"金绣云肩翠玉缨"，十分华美。作为礼服的袍，面料质地十分考究，采用大红色织金、锦、蒙茸和很长的毡类织物。当时最流行的服用色彩以红、黄、绿、褐、玫红、紫、金等为主。

元朝男子服装

元朝质孙服	窄袖织龙纹锦袍、云肩	
		元朝蒙古族男子服饰为戴笠帽，着翻领袍，冬季戴折檐暖帽，穿窄袖袍，着半臂，束玉胯带，穿络缝靴。

元朝配饰

戴罟罟冠的元世祖皇后	元代布帛鞋	
		罟罟冠： 蒙古族已婚妇女的冠帽，是蒙古族传统服饰的典型代表之一。罟罟在汉语典籍中又有顾姑、罟姑、固姑、固顾、罟罛、括罟、故姑、囮姑、姑姑、三库勒、古库勒、孛哈、孛黑塔、孛黑塔黑等十多种写法。 　　据悉，元朝末年开始出现了鞋头高耸、鞋底扁厚的女式布帛鞋，这种鞋使人显得格外修长。其实，布帛鞋是指以麻、绫、绸、锦等织物缝合而成的鞋。

　　明朝（1368~1644年）是中国历史上一个由汉族建立的王朝。1368年，明太祖朱元璋建立明王朝，在政治上进一步加强中央集权专制，对中央和地方封建官僚机构进行了一系列改革，其中包括恢复汉族礼仪，调整冠服制度，禁胡服、胡姓、胡语等措施。

　　明朝最有特点的服装当属官服。明朝男子典型服装多用袍衫。朱元璋下诏：衣冠悉如唐代形制。于是明朝官服上采周汉，下取唐宋，出现了历代官服之集大成现象，成为封建社会官服发展的重要阶段。

明朝女子服装

明朝褙子	明朝比甲	明朝水田衣

　　明朝女子服装主要有：衫、袄、袴褶、褙子、裙子等。普通妇女礼服，最初只许着紫花粗布，不许有金绣。

　　大凡皇后、皇妃、命妇，皆有冠服，一般为红色的大袖衫、深青色的褙子，加彩绣帔子、珠玉金凤冠、金绣花纹履等。

明朝男子服装

明朝盘领大袖衫	明朝罩甲

明朝罩甲标注：内衬、甲袍、棉帛、系扣、包边　正面　背面

　　明朝男子典型服装为袍衫、罩甲、曳撒。

　　罩甲：一种是对襟，骑马穿；另一种是不对襟，士大夫穿着。

　　曳撒：也叫一撒，与袍衫同类。一般用纱罗、苎丝制成。衣身前后形制不一，后片为整，前分两截，腰部以上与后片相同，腰部以下折有细裥，细裥在两侧，中间没有。

明朝配饰

明朝凤冠	四方平定巾

　　明朝凤冠是一种以金属丝网为胎，上缀点翠凤凰，挂珠宝流苏的礼冠。

　　明朝男子冠饰以四方平定巾为主，即方巾，是明朝儒生最具代表性的巾式。

　　明朝鞋履方面，庶民和贵族间的鞋子款式无太大区别。女鞋以尖形上翘的凤头鞋最为流行，鞋边上还有精美的刺绣。劳动妇女也有穿平头鞋、圆头鞋或蒲草编的鞋。此时，女鞋中还出现了鞋底高达7cm的高底鞋。

　　清朝（1616~1911年）是中国历史上最后一个封建王朝，是以满族入主中原建立的王权。满族原是尚武的游牧民族，在戎马生涯中形成了自己的生活方式，冠服形制与汉人的服装大异其趣。清代在服饰制度上坚守其本民族旧制，不轻易改变原有服式。

清朝女子服装

皇后朝袍展示图	清末女袄	霞帔	
			清朝初期，汉族女子的服饰基本上与明朝末年相同，后来在与满族女子的长期接触中，不断演变，终于形成清代女子的服饰特色。 　　汉族女子平时穿袄裙、披风等。上衣由内到外为：兜肚—贴身小袄—大袄—坎肩—披风。下裳以长裙为主，多系在长衣之内。

清朝男子服装

清朝龙袍展示图	清朝补服	戴凉帽、穿长袍、马褂的官吏	
			清朝男子以袍、褂、袄、衫、裤为主，一律改宽衣大袖为窄袖筒身。衣襟以纽扣系之，代替了汉族惯用的绸带。领口变化较多，但无领子，上层人士再另加领衣。 　　**补服：**一种官服，圆领，对襟，平袖。袖长及肘，衣长至膝下，比袍短30cm左右。补子缀于前胸和后背，较明朝小，约30cm见方，另有圆补子。

清朝配饰

清朝暖帽	清代花翎	清朝花盆底鞋	
			清朝，礼帽也称大帽，按季节分为八月到次年二月戴的暖帽和三月到八月戴的凉帽。 　　**花翎：**由于孔雀翎尾部那圈中心是蓝黑色的，很耀眼的花斑如同眼睛一样，被称为"眼"。 　　满族旗式坤鞋有花盆底鞋、马蹄底鞋、平底鞋。

4.2 中国服装史 > 4.2.9 民国时期服饰

民国时期服饰是中国近代服装的典范，继承了中国传统服装的风格，同时也深受外来文化的影响。其间重大的转型就是根据人体自然形态进行男女服装类别的区分，逐渐形成了截然不同的服装造型发展方向。

民国女子服装

穿短袄套裙的女子	高领旗袍	清末满族妇女旗装的样式

民国时期女子服装为袄裙与旗袍。

袄裙： 当时，由于出国留学的学生较多，国人服装样式受到很大影响，如多穿窄而修长的高领衫袄和黑色长裙，不施纹样，不戴簪钗、手镯、耳环、戒指等饰物，以区别于清代服饰而被称为"文明新装"。

旗袍： 旗袍本意为旗女之袍，实际上未入"八旗"的普通人家女子也穿这种长而直的袍子，故可理解为满族女子的长袍。

民国男子服装

民国时期西装	鲁迅画像（长袍）	中山装

民国时期男子服装为中山装、西装、长袍马褂等。

20世纪20年代末，男子常服多为长衫马褂，礼服为中山装，夏用白色，春秋冬用黑色。

民国配饰

三寸金莲鞋	民国时期皮鞋

清末民初，民间女子仍然流行"三寸金莲"，此鞋子特点是前部圆尖，后部圆肥。女鞋种类繁多，根据具体生活需要有雨鞋、睡鞋等，也有以形状命名的，如合脸鞋、深脸圆口鞋、皂鞋等。比较时尚的民国时期女性，一般搭配的都是高跟皮鞋。不过当时的高跟皮鞋鞋跟较矮。